몽슈와
파티스리 클래스

Mon choix

Patisserie class

김지훈

몽슈와 오너 셰프이자 2018년부터 SPC컬리너리 아카데미와 몽슈와 마스터클래스를 통해 수많은 제자를 배출한 제과 선생님이다. 제과에 탐닉해 제과제빵을 전공하고 10년간 현장에서 경력을 쌓은 뒤 프랑스로 유학해 제과를 공부하고 귀국 후에는 현장과 교실을 오가며 몸소 쌓아 온 노하우를 접목한 지식으로 수강생들에게 아낌없는 찬사를 받고 있다. 이처럼 만족도 높은 수업으로 인해 최근에는 개인은 물론 제과관련 학과, 해외 수강생까지 컨설팅과 강의 요청이 쇄도하고 있다. 그 밖에도 다양한 제과업체와의 협업 및 제품 개발 등으로 바쁜 나날을 보내고 있다. 그가 만든 제품은 '몽슈와 파티세리'에서 만나 볼 수 있다.

학력

2003~2007	창신대학교 호텔조리제과제빵과 졸업
2012~2014	혜전대학교 제과제빵 전공심화과정 학사
2015~2016	INBP프랑스 국립제과제빵학교 수료
	프랑스 국가 자격증 CAP Patissier 취득
2016	파리 에콜 벨루이 콩세이 수료
2017	에콜 페랑디 수료
2018~2020	한성대학교 경영대학원 석사

경력

2007~2009	한화 63 베이커리 근무
2009~2015	한화 에릭케제르 근무
2017~2022	SPC컬리너리 아카데미
	-'카페 디저트 마스터' 과정 개발 및 창설
	-'초콜릿의 모든것' 과정 개발 및 창설
	-'파티세리 인텐시브' 과정 개발 및 창설
2022~	몽슈와 파티세리 오너 셰프

몽슈와
파티스리 클래스

Mon choix

Patisserie class

BnCworld

Prologue

Mon choix | ● 효율적인 작업을 위하여

대학에서 제과제빵을 공부했지만 졸업 후 현장에 가 보니 궁금한 점이 자꾸 생겼습니다. 그럴 때마다 선배들에게 물었지만 시원한 대답을 들을 수 없었고, 일을 하면서 기술을 배울 수는 있어도 왜 그래야 하는지 그 이유까지 터득하기에는 어려움이 컸습니다. 그래서 내가 만약 누군가에게 지식을 전할 기회가 생긴다면 정확한 이론뿐만 아니라 현장 상황에 맞게 조율하는 방법까지 함께 알려 주고 싶다는 생각을 했습니다. 그 후로 공부를 계속해 운 좋게도 오랫동안 제과를 가르치는 사람으로 살 수 있었고, 그동안 쌓아 온 지식과 노하우를 집약해 누구나 쉽게 이해하고 실제 제과점에서 정말 유용하게 활용할 수 있는 책을 만들고자 이 책을 쓰게 되었습니다.

이 책은 모두 4챕터로 나누어져 있습니다. 난이도가 낮은 구움과자부터 점점 더 복잡한 조합의 타르트, 앙트르메, 프티 가토까지, 초급자와 중급자가 함께 볼 수 있도록 구성되어 있습니다. 반드시 순서를 지켜야 하는 것은 아니지만 이 순서대로 제품을 만들다 보면 자연스레 재료를 이해하고 기본을 다질 수 있기 때문에 제과 실력이 눈에 띄게 향상될 것입니다. 특히 클래식한 제품에 현대적인 감성을 더한 제품을 담아 상급 제품을 만들기 위한 바닥 다지기가 되도록 했습니다.

또 제과의 가장 기본인 반죽 제법부터 현장에서만 배울 수 있는 노하우를 접목시킨 작업 방법을 실었습니다. 특히 재료의 특성상 서로 영향이 없어 함께 작업해도 무방한 공정을 한 범주로 묶어, 자연스레 재료의 성질을 이해하고 효율적으로 작업할 수 있도록 편집했습니다. 그래서 지금까지 본인이 알고 있던 방법과는 조금 다르다고 느낄 수도 있을 것입니다.

수업을 하면서 수강생들에게 받았던 질문도 엄선해 Q&A 형식으로 기술했습니다. 가장 기본적인 지식을 쉽게 배울 수 있도록 하기 위해서입니다. 이를 통해 제과를 하면서 누구나 한 번쯤 가졌을 법한 궁금증이 해소되길 바랍니다.

그 밖에 프랑스어 제품명과 함께 프랑스 제과 용어를 소개했습니다. 레시피마다 반복되는 제과 용어가 다소 생소하고 어렵게 느껴질 수 있겠지만, 김치에 들어가는 고춧가루를 원어 그대로가 아닌, 레드페퍼 파우더(red pepper powder)로만 배우는 것은 글로벌 환경에 맞지 않다고 생각합니다. 이 책을 계기로 프랑스 제과 용어와 조금 더 친해졌으면 좋겠습니다.

마지막으로 제가 흔들리지 않고 한길로 나아갈 수 있도록 언제나 저를 믿고 지지해 주는 사랑하는 가족에게 감사의 마음을 전합니다. 또 이 책을 준비할 때 많은 도움을 준 남복음 선생님을 비롯하여 제 곁에서 응원해 준 수많은 분들께도 감사의 인사를 보냅니다. 처음부터 끝까지 함께해 준 비앤씨월드에도 감사를 드립니다.

Kim Jihoon
김지훈

Mon choix ● 목차
Sommaire

NOTE DU CHE

Ingrédients . Outils . Pâte
Crème . Chocolat & Décoration

Présentation

셰프의 노트

시작하기에 앞서 미리 알아야 할 기본 지식을 Q&A 형식으로 정리했습니다. 재료, 장비 및 도구, 반죽, 크림, 템퍼링 등 제과의 기본에 관한 것입니다. 책을 읽기 전에 '워밍업 한다'는 기분으로 읽으면 좋을 것 같습니다. 글라세, 글라사주, 초콜릿 장식물 만드는 법과 프랑스에서 사용하는 제과 용어도 첨부했습니다. 대개는 수업을 하거나 컨설팅을 하면서 자주 받았던 질문 입니다. 제과 공부를 하는 사람이라면 한 번쯤 가졌을 법한 질문과 그에 대한 답변을 통해 평소 궁금했던 점이 해소되길 바랍니다.

누구나 궁금해하는 **기본 재료**

Ingrédients Q&A

책에 나와 있는 재료를 사용해 그대로 만들면 누구나 같은 결과를 얻을 수 있을까요? 이미 짐작했겠지만 결코 그렇지 않습니다. 제과에는 여러 변수가 작용하기 때문이지요. 재료도 그중 하나입니다. 하지만 재료의 성질과 특성을 이해하면 왜 여기에 이 재료를 이 분량만큼 사용했는지 알 수 있고 한발 더 나아가 응용도 가능하며 실패를 줄일 수 있습니다. 밀가루, 전분, 소금 등의 가루류와 버터, 생크림, 초콜릿 등 기본 재료에 대해 알아봅니다.

Q.01

밀가루, 소금, 버터는 제과에 가장 많이 사용하는 중요한 재료입니다. 그러나 막상 구매하려니 종류가 많아서 어떤 제품을 선택해야 할지 모르겠습니다.

A. 시중에서 가장 쉽게 구할 수 있는 우리나라 밀가루는 강력분, 중력분, 박력분 세 가지로 구분되어 있습니다. 제분 회사들이 미국이나 호주의 밀을 수입하여 국내에서 제분하기 때문에 품질은 거의 비슷합니다. 반면 유럽의 밀가루는 T45, T55, T65 등 회분율에 따라 종류를 나누고 있어 우리나라 밀가루와는 구분 방법이 다릅니다.

소금은 크게 천일염과 정제염으로 나뉩니다. 천일염은 바닷물을 태양열과 지열로 증발시켜 만드는 소금이지만 수분이 꽤 많이 남아 있습니다(수분 함량 약 15~20%). 꽃소금이라고 부르는 정제염은 천일염을 다시 한번 물에 녹여 불순물을 제거한 뒤 가열해 수분을 날린 소금입니다. 이렇게 두 소금은 수분 함량도 차이가 있고 맛도 약간 다릅니다. 개인적으로는 천일염을 제과에 사용하면 약간의 쓴맛이 느껴져 정제염 사용을 추천합니다.

버터는 유지방 80% 이상인 것을 사용하면 됩니다. 제조사마다 버터의 질감과 풍미가 다르기 때문에 여러 종류의 버터를 사용해 본 뒤, 본인의 제품에 잘 맞는 버터를 선택하면 됩니다. 예를 들어 엘르앤비르 버터의 경우 부드러운 질감을 가지고 있어 크림화가 필요한 제품을 생산할 때 편리합니다. 반면 드라이 버터는 수분 함량이 적어 단단하며 넓고 얇은 사각형 모양으로 제작되어 있어 반죽에 버터를 통째로 넣고 감싸는 푀이타주를 만들 때 사용하면 작업이 용이합니다.

Q.02

제과에는 주로 박력분을 사용한다고 알고 있는데 가끔 중력분이나 강력분을 사용하는 제품도 있더라고요. 어떤 차이가 있을까요?

A. 예를 들어 쿠키를 만들 때 박력분을 사용하면 바스러지면서 뚝뚝 끊기는 식감의 쿠키가 됩니다. 그에 비해 중력분을 사용하면 조금 더 묵직하고 점도가 있는 식감의 쿠키가 되고, 강력분을 사용하면 단백질 함량이 많으므로 글루텐이 형성되어 단단한 식감의 쿠키가 됩니다. 즉, 어떤 밀가루를 사용하느냐에 따라 제품의 식감이 달라집니다. 박력분, 중력분, 강력분은 각각 단독으로 사용할 수도 있고 섞어서 사용할 수도 있습니다. 박력분과 중력분, 박력분과 강력분처럼 다른 밀가루를 섞어 사용해 보면 그 차이를 느낄 수 있습니다.

 동물성 크림과 식물성 크림의 차이점은 무엇인가요?

A. 동물성 크림은 젖소에서 나온 원유를 저온 살균법(파스퇴르 살균법)으로 가공해 만든 유크림입니다. 반면 식물성 크림은 대두유, 팜유 등에서 추출한 식물성 기름이 주재료이며 이를 가공해 만든 크림입니다. 때문에 두 크림은 성분도 다르고 성질과 맛에서도 차이가 납니다. 동물성 크림은 온도에 민감해 특히 여름에 작업성이 떨어지며 원유 부족 등으로 생산에 차질이 있으면 수급이 잘 안 되고 유통 단가에도 변동이 생기기 쉽습니다. 반면 식물성 크림은 유통 단가가 비교적 낮고 일정한 편이며 높은 온도에 강하고 한 번 휘핑하면 잘 유지되어 작업성이 좋지만 먹었을 때 입안에서 미끌거리고 다소 느끼하게 느껴질 수 있습니다. 이 같은 이유로 업장에 따라 동물성 크림과 식물성 크림을 섞어 사용하기도 합니다. 이 책에는 깔끔한 맛과 고소하고 부드러운 우유 풍미를 내기 위해 모두 동물성 크림을 사용했습니다.

Q.04 크렘 파티시에(커스터드 크림)를 만들 때 박력분이나 옥수수 전분 등을 넣는 이유는 무엇인가요?

A. 밀 전분과 옥수수 전분은 크림에 점도를 주기 위해 자주 활용하는 재료입니다. 전분을 넣어 크림을 만들 때는 전분이 호화되어야 하므로 반드시 75~87℃까지 충분히 가열해야 합니다.
또 옥수수 전분을 다른 전분으로 대체해도 되는지에 관한 질문도 자주 받는데 전분은 종류에 따라 호화 온도나 점도가 다르기 때문에 다른 전분으로의 대체는 추천하지 않습니다. 옥수수 전분이 없다면 차라리 박력분을 쓰는 편이 좋습니다. 박력분을 사용하면 제과에 사용하기 적절한 점도의 크림을 만들 수 있습니다.

재료	호화 온도	호화 점도
밀가루(소맥분)	80~85℃	60~70
옥수수 전분	75~80℃	70~80
타피오카 전분	62~70℃	90~100
감자 전분	60~65℃	120~140

Q.05 베이킹 소다와 베이킹파우더의 차이점은 무엇인가요?

A. 베이킹 소다는 천연 계량제로 탄산수소나트륨이라 부르기도 합니다. 제품에 첨가해 열을 가하면 화학 반응을 일으키며 이산화탄소를 발생해 제품을 팽창시킵니다. 하지만 알칼리성이라 떫고 아린 맛을 내기 때문에 최종 제품의 맛에 영향을 끼칠 수 있습니다. 베이킹파우더는 알칼리성인 베이킹 소다에 산성을 첨가해 중화시킨 것으로, 떫고 아린 맛은 없애고 팽창성을 높인 개량제입니다.

Q.06 슈거파우더와 미분당은 다른 제품인가요?

A. 슈거파우더, 분당, 미분당 모두 설탕을 곱게 갈아 만든 것을 지칭하는 단어입니다. 흔히 슈거파우더와 분당을 구분하여 말하기도 하지만 사실 이는 각 제조업체에서 다르게 적어 판매하는 것일 뿐 같은 것을 말합니다. 따라서 제품 뒷면에 적힌 성분을 확인하여 용도에 맞게 사용하면 됩니다. 이 책의 레시피에 적힌 미분당은 모두 100% 설탕으로 만든 제품을 사용했습니다.
국내에서는 다음과 같이 크게 3가지 형태의 제품이 유통되고 있습니다.

- **설탕에 전분을 3~5% 섞은 슈거파우더** 흡습성이 강해 습기에 취약한 슈거파우더가 결정화되는 것을 방지하기 위해 전분을 소량 섞은 제품입니다.
- **100% 설탕으로 만든 슈거파우더** 순수하게 설탕만을 갈아 만든 제품으로 전분이 없기 때문에 보다 깔끔한 맛을 낼 수 있지만 습기에 매우 취약하므로 보관에 유의해야 합니다.
- **초미립 분당** 기본 슈거파우더 입자의 약 1/9 크기로, 더 고운 입자의 제품입니다. 제품을 보다 부드럽게 만들고 싶을 때 사용하며 입자가 작아 흡습성도 강하고 습기에도 가장 취약합니다.

Q.07 코코아 파우더의 종류가 여러 가지인데 어떤 것을 사용하면 좋을까요?

A. 코코아 파우더는 본래 산성을 띠기 때문에 이를 중화시키기 위해 알칼리 가공을 하기도 합니다. 이 처리 여부에 따라 색상, 산도, 맛 등이 조금씩 달라지므로 용도에 맞게 선택할 수 있습니다.
조금 더 자세히 알아보자면 내추럴 코코아 파우더는 알칼리 처리를 하지 않은 순수한 코코아 파우더를 의미합니다. 붉은 갈색을 띠며 산도(pH)는 5.3~5.8, 맛은 씁쓸하고 떫은 편이며 신맛과 향도 강합니다. 반면 더치 코코아 파우더는 제품 자체의 산도를 중화시키기 위해 알칼리 처리를 한 제품으로 카카오 빈을 알칼리성 용액에 담갔다가 가공한 코코아 파우더를 말합니다. 내추럴 코코아 파우더보다 조금 더 진한 붉은 갈색을 띠며 산도(pH)는 6.8~8.1, 비교적 쓴맛이 적고 부드럽습니다. 알칼리 가공을 통해 쓴맛과 신맛이 중화되고 물과도 잘 섞이기 때문에 바로 섭취하는 음료나 액체에 사용할 때는 더치 코코아 파우더를 사용하는 것이 좋습니다. 이 외에도 블랙 코코아 파우더와 같이 색이 더 진하게 나도록 가공한 제품도 있습니다.
제과에는 각 제품의 특성을 고려해 의도에 맞게 선택해 사용하도록 합니다.

Q.08 제과에 사용하는 초콜릿은 어떤 제품을 사용해야 하나요?

A. 제과 레시피에 적힌 초콜릿은 모두 커버추어 초콜릿을 이야기합니다. 커버추어 초콜릿이란 카카오 함량이 30% 이상인 초콜릿을 말하며 그 함량과 성분에 따라 다크초콜릿, 밀크초콜릿, 화이트초콜릿으로 나누어 구분합니다. 발로나, 카카오바리, 칼리바우트 등 다양한 브랜드가 있으며 같은 브랜드라도 카카오 빈의 생산지에 따라 구분하거나 맛이나 향 등을 첨가하여 다양한 초콜릿을 판매하고 있습니다.

알고 사용하면 더 편리한 **장비 및 도구**

Outils Q&A

제과에 필수 장비인 오븐과 냉장고부터 온도계나 틀 같은 도구는 어떤 것을 사용해야 하는지 또 핸드블렌더나 열풍기는 꼭 필요한지 등 장비 및 도구에 대한 내용을 모았습니다.

Q.01 컨벡션 오븐과 데크 오븐의 차이점을 알려 주세요.

A. 컨벡션 오븐은 열풍을 이용하는 오븐입니다. 중앙의 코일에서 열을 발생시키면 팬이 그 주변에서 빠르게 회전하며 열을 방출시킵니다. 주로 볼륨이 중요한 제품이나 구움색을 골고루 내야 하는 제품을 구울 때 사용하면 좋습니다. 데크 오븐은 윗불과 아랫불을 따로 조절할 수 있으며 바람 없이 위아래에서 열을 발산해 제품에 열을 전달하는 방식의 오븐입니다. 주로 제품 내에 수분율이 중요하고 오븐 스프링(반죽이 오븐 안에서 부풀어 오르는 현상)이 필요하거나 구울 때 스팀을 필요로 하는 하드 계열 빵을 구울 때 사용합니다. 그 외에 베이킹팬을 최대 64개까지 넣고 한꺼번에 구울 수 있어 대량 생산에 용이한 컨벡션 오븐 형태의 로터리 오븐도 있습니다. 우리가 공부하는 제과 제품이나 비에누아즈리를 만들 때는 주로 컨벡션 오븐을 사용합니다.

Q.02 오븐을 예열할 때 사용 온도보다 10~20℃ 높게 설정하는 이유가 무엇인가요?

A. 오븐의 사양에 따라 다르겠지만 소형 오븐의 경우는 오븐 문을 열 때 열 손실이 많이 생깁니다. 그래서 미리 오븐 온도를 높여 놓아야 반죽을 넣고 나서도 사용하고자 하는 온도로 사용할 수 있습니다. 만약 열 손실이 큰 오븐이라면 10~20℃보다 더 높게 설정해도 괜찮습니다. 반죽을 넣은 뒤 다시 사용 온도로 설정하는 것만 잊지 마세요.

Q.03 주로 핸드믹서를 사용했었는데 작업량이 많아져 탁상용 믹서(반죽기)를 써 보려고 합니다. 탁상용 믹서를 사용할 때 주의점은 무엇인가요?

A. 키친에이드, 켄우드, 스메그 등 브랜드에 따라 약간의 차이는 있겠지만 탁상용 믹서의 경우 너무 적은 양의 반죽을 넣고 믹싱하면 바닥 부분까지 잘 섞이지 않을 때가 많습니다. 이 책의 레시피도 이런 점을 고려하여 탁상용 믹서를 사용해 가장 최소로 작업할 수 있는 양(반죽 총량 70g 이상)을 기준으로 삼았습니다. 다만 반죽의 양이 적을수록 믹서볼 안쪽을 잘 긁어 가며 균일화시켜야 합니다. 반면 휘핑해 볼륨을 키워야 하는 반죽은 너무 많은 양을 넣으면 믹서볼 밖으로 반죽이 넘칠 수 있으니 주의하세요. 또 공기 포집을 하면 좋지 않거나 단순히 섞기만 하면 되는 반죽의 경우에는 거품기 대신 비터를 사용하세요.

Q.04 냉장고를 구매하려 하는데 간접냉각방식 냉장고와 직접냉각방식 냉장고의 차이점은 무엇인가요?

A. 냉장고는 냉각 방식에 따라 두 종류로 나눌 수 있습니다.

먼저, 간접냉각방식(간냉식)은 냉장고 내부 상단에 설치되어 있는 냉각팬이 돌아가면서 차가운 바람을 순환시켜 내부를 차갑게 만듭니다. 주기적으로 자동 성에 제거 시스템이 작동하기 때문에 별도로 성에 제거를 할 필요가 없어 관리가 편합니다. 하지만 직접냉각방식 냉장고에 비해 금액이 비싸고 냉각팬으로 인해 기계 소음이 조금 더 크게 느껴질 수 있습니다.

직접냉각방식(직냉식)은 냉장고 벽 내부에 설치되어 있는 냉매관을 통해 차가운 가스를 통과시켜 냉기를 돌게 만드는 원리입니다. 냉각팬이 따로 없기 때문에 온도 차이로 인해 공기가 순환되는 방식입니다. 간접냉각방식과 달리 차가운 벽과 공기가 직접 만나면 성에가 자주 생기게 되어 주기적으로 제거해야 한다는 불편함이 있습니다. 그러나 이러한 불편함을 감수하면 간접냉각방식의 냉장고에 비해 금액이 저렴하다는 장점이 있습니다.

Q.05 접촉식 온도계와 비접촉식 온도계에 대해 설명해 주세요. 하나만 구매하고 싶다면 어떤 온도계를 사는 것이 좋을까요?

A. 접촉식 온도계와 비접촉식 온도계는 쓰임새에 차이가 있습니다. 접촉식 온도계는 반죽이나 크림 내부의 온도를 정확하게 측정할 때 사용하기 좋습니다. 비접촉식 온도계는 주로 적외선 방식으로 표면의 온도를 측정할 때 사용하며 온도계를 직접적으로 넣을 수 없는 경우에 편리합니다. 둘 중 하나를 고르라면 비접촉식 온도계가 조금 더 활용도가 높을 수 있지만 반죽이나 카라멜 등을 자주 만든다면 접촉식 온도계를 추천합니다.

Q.06 가나슈나 크림류를 만들 때 꼭 핸드블렌더를 사용해서 유화시켜야 하나요?

A. 유화는 잘 섞이지 않는 수분과 유분 입자를 골고루 분산시키는 작업입니다. 조금 더 크기가 큰 유분 입자 사이에 작은 수분 입자를 골고루 분포시켜야 제대로 유화가 되는데 이를 위해서는 일정한 속도로 꾸준히 섞어야 합니다. 핸드블렌더를 사용하면 이러한 작업을 수월하게 할 수 있기 때문에 결과물을 보다 안정적으로 만들 수 있습니다.

Q.07 마들렌의 경우, 철 소재 틀에 구웠을 때와 실리콘 소재 몰드에 구웠을 때 구움색에 차이가 있는 것 같아요. 왜 그런가요?

A. 철 소재 틀과 실리콘 소재 틀은 열전도율이 다르기 때문에 구움색은 물론이고 제품의 볼륨도 차이가 납니다. 아무래도 실리콘에 비해 철의 열전도율이 더 좋기 때문에 구움색이 더 진하게 나며 화학적 팽창도 빨라 제품의 볼륨도 큰 편입니다. 그래서 실리콘 소재를 사용할 때는 대체적으로 조금 더 오래 구워야 합니다. 하지만 실리콘 몰드는 버터 칠을 하지 않아도 제품을 구운 뒤 분리하기 쉽고 세척이 편리하며 무게도 가볍고 부피를 덜 차지해 보관이 용이하다는 장점이 있습니다. 이와 같이 두 틀의 장단점이 있으니 취향이나 상황에 맞게 선택하면 됩니다.

Q.08 열풍기를 꼭 사야 할까요?

A. 열풍기(히팅건)는 필수 도구는 아니지만 그리 비싸지 않기 때문에 하나 구비해 놓으면 여러 면에 활용이 가능합니다. 차가운 버터의 온도를 높여 빠르게 크림화시키거나 중탕이 필요한 반죽의 온도를 유지 및 가열하거나 초콜릿 템퍼링 작업을 할 때 유용합니다. 흔히 열풍기 대신 토치를 사용하기도 하는데 고온에 자칫 버터가 녹아 버리거나 반죽, 초콜릿 등이 탈 수 있으니 주의해야 합니다.

Q.09 실리콘 페이퍼는 일반 유산지와 다른 것인가요?

A. 실리콘 페이퍼는 쉽게 말해 오븐용 종이라고 생각하면 됩니다. 열에 강하기 때문에 주로 오븐에 제품을 구울 때 팬에 기름이 너무 많이 흐르거나 팬 바닥에 심하게 눌어붙는 것을 방지할 목적으로 사용합니다. 또한 유산지보다 두껍기 때문에 잘 찢어지지 않으며 약간의 방수 효과도 있어 단단한 쿠키나 타르트 반죽 등을 넣고 밀어 편 뒤 보관할 때 사용하기 좋습니다. 실리콘 페이퍼 대신 유산지를 사용하면 기름기를 흡수하고 자칫 잘못하면 제품에 달라붙어 제품을 손상시킬 수 있습니다.

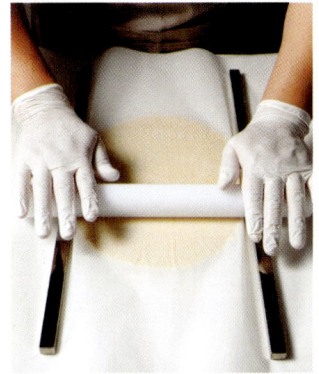

가장 중요하지만 실패하기 쉬운 **반죽**

Pâte Q&A

제과의 모든 공정이 중요하지만 그중에서도 반죽은 완성 제품에 가장 큰 영향을 미칩니다. 반죽의 가장 기본이라고 할 수 있는 다양한 제법을 배우고 각 제법에 따라 문제가 발생하는 이유도 파헤쳐 봅니다. 또 반죽을 할 때 이 과정은 꼭 거쳐야 하는 것인지, 그 이유는 무엇인지 알아보고 더 나아가 나만의 레시피를 만드는 방법까지, 반죽을 하면서 생기는 다양한 궁금증을 만나 보세요.

Q.01 제과에서 사용하는 반죽 제법에 대해 알려 주세요.

A. 여러 방법이 있지만 공립법, 별립법, 블렌딩법, 이 세 가지가 대표적입니다. 공립법은 노른자와 흰자를 분리하지 않고 달걀 전체를 휘핑한 다음 밀가루 등 가루류를 섞는 제법입니다. 주로 제누아즈, 롤케이크 비스퀴 등을 만들 때 사용합니다. 별립법은 노른자와 흰자를 따로 분리한 뒤 각각 휘핑해 한데 섞고 여기에 밀가루 등 가루류를 넣어 반죽하는 방법입니다. 시폰, 제누아즈, 비스퀴, 롤케이크 비스퀴 등을 만들 때 사용하며 공립법에 비해 볼륨이 좀 더 크고 푹신한 식감으로 완성됩니다. 블렌딩법은 주로 구움과자에 사용하는 제법으로 버터에 가루 재료를 먼저 넣고 섞은 뒤 달걀 등의 액체 재료를 나중에 섞는 제법입니다. 파운드, 쿠키, 스콘, 쇼콜라 제누아즈 등 가루류가 많을 때 글루텐의 형성을 억제할 수 있어 사용하는 방법입니다.

공립법

별립법

블렌딩법

Q.02 반죽의 비중은 무엇이고 어떻게 재나요?

A. 비중은 같은 부피의 물 무게에 대한 반죽 무게의 비율을 말합니다. 간단히 말하면 반죽의 밀도를 수치화한 것으로, 비중은 제품의 부피와 식감을 결정하는 중요한 요소입니다. 재는 방법은 계량컵에 물을 평평하게 채워 물의 무게를 잰 뒤에 반죽을 동일하게 채우고 무게를 다시 측정합니다. 그리고 반죽 무게를 물의 무게로 나눕니다. 예를 들어 물이 100g이고 반죽이 60g이라면, 60(반죽 무게)÷100(물 무게)=0.6(비중)이 됩니다. 반죽의 비중이 낮을수록 반죽 속에 공기 함량이 많아 밀도가 낮습니다. 반죽이 가볍다는 뜻이므로 구웠을 때 제품의 부피가 크고 식감도 가볍습니다. 반대로 비중이 높을수록 밀도가 높습니다. 무거운 반죽은 부피가 작고 식감도 무거운 제품으로 완성됩니다.

Q.03
제누아즈, 시폰케이크, 롤케이크 시트 등의 기본 반죽에 코코아 파우더, 말차 가루 등 가루 재료를 첨가하고 싶을 때는 레시피를 어떻게 조정하면 될까요?

A. 보통 밀가루, 옥수수 전분 등 가루류 전체를 더한 뒤 그 양의 10%를 코코아 파우더, 말차 가루 등으로 대체하면 됩니다. 다만 이러한 재료 속에 포함되어 있는 지방 성분이 반죽을 하면서 애써 형성한 기포를 없애기 때문에 기본 반죽으로 만들었을 때에 비해 볼륨이 20~30% 낮아집니다. 이 점을 고려해 기본 레시피보다 전체적인 재료의 양을 늘려 만들기도 합니다.

Q.04
제누아즈를 만들 때 녹인 버터에 반죽의 일부를 넣어 섞은 뒤 다시 본반죽에 넣고 섞는 이유는 무엇인가요?

A. 버터가 제누아즈 반죽보다 무겁기 때문에 반죽에 바로 넣으면 바닥에 가라앉게 됩니다. 그렇다고 버터를 섞기 위해 여러 번 휘저으면 애써 만든 반죽 속 거품이 꺼지게 됩니다. 이런 현상을 최대한 방지하기 위해 반죽 일부(희생 반죽이라고도 부름)에 녹인 버터를 넣고 섞어 최대한 본반죽과 비슷한 무게와 밀도로 만든 뒤 다시 나머지 반죽과 섞는 것입니다. 이 작업을 보통 '애벌 섞기'라고 부릅니다. 반죽을 빠르고 능숙하게 섞을 수 있다면 이 과정을 생략해도 괜찮습니다.

Q.05
비스퀴 반죽을 베이킹팬에 팬닝할 때의 적정량이 궁금합니다.

A. 기본 반죽이라는 가정 하에 40×30㎝ 사이즈의 팬에는 약 400~450g, 40×60㎝ 사이즈의 팬에는 2배인 800~900g이 적당합니다. 코코아 파우더나 다른 재료를 섞었을 경우는 부피에 차이가 생겨 달라질 수 있습니다.

Q.06 블렌딩법으로 만든 제품의 크기가 매번 조금씩 달라져요.

A. 블렌딩법은 휘핑을 해서 볼륨을 키우는 제법이 아닙니다. 따라서 크기가 매번 다르다면 베이킹파우더가 동일한 양으로 들어가지 않았을 확률이 높습니다. 베이킹파우더와 같이 소량만으로도 제품에 큰 영향을 끼치는 재료의 경우 아주 미량이라도 제품에 차이가 생길 수 있습니다. 따라서 0.1g 또는 0.01g 단위의 미세 저울을 사용하는 것이 좋습니다. 베이킹파우더뿐만 아니라 베이킹 소다, 소금 등의 재료도 미세 저울을 사용해 계량하세요.

Q.07 버터와 설탕을 섞은 뒤 달걀을 넣었더니 반죽이 분리됩니다. 반죽이 분리되지 않게 하려면 어떻게 해야 할까요?

A. 버터의 주성분인 지방과 달걀(전란)의 수분이 분리되기 때문입니다. 이럴 때는 노른자의 양을 10% 정도 늘리고 흰자의 양을 그만큼 줄이면 반죽이 분리되는 현상을 줄일 수 있습니다. 노른자에 함유되어 있는 레시틴이 유화제 역할을 하기 때문입니다.

Q.08 사블레, 쉬크레 등 타르트 반죽은 꼭 휴지시킨 뒤 밀어 펴야 하나요?

A. 휴지는 여유 시간이 있다면 하는 편이 좋습니다. 제과점 현장에서는 시간을 단축하기 위해 반죽을 실리콘 페이퍼 또는 테프론 시트 사이에 넣고 사용할 두께로 밀어 편 뒤 휴지시키는 방법을 주로 사용합니다. 이 방법을 사용하면 휴지 시간을 단축할 수 있고 냉동 보관을 할 때 수분 손실도 최소화할 수 있습니다.

Q.09 사블레 또는 쉬크레 반죽을 만들 때 프라제는 필수인지요?

A. 결론부터 말하자면 프라제(fraser)가 필수는 아닙니다. 프라제는 손바닥 혹은 스크레이퍼 등을 사용해 반죽을 밀어 펴며 고루 섞는 것을 말하는데 믹싱 후 반죽의 상태를 살펴 덜 섞인 부분이 있을 때 필요한 과정입니다. 너무 오랫동안 프라제해 반죽이 너무 묽어지면 반죽을 구웠을 때 옆으로 퍼지거나 틀에서 잘 떨어지지 않을 수 있기 때문에 주의해야 합니다. 골고루 섞일 정도로만 작업하세요.

Concernant

제과인이라면 친숙해져야 하는 **크림**

Crème

대부분의 과자에 사용하는 구성 요소인 크림은 종류도 많고 이름도 낯설어 초보자라면 다소 어렵게 느껴질 수 있습니다. 그러나 꾸준히 반복해 만드는 방법을 연습하다 보면 어느덧 이름도 친숙해지고 크림의 특성이나 맛의 차이도 자연스레 익히게 될 것입니다. 앞으로 계속 접하게 될 다양한 크림을 소개합니다.

Crème chantilly

01

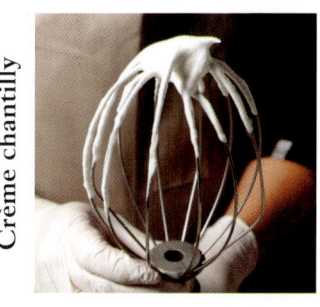

크렘 샹티이

샹티이 크림이라고도 불리는 크렘 샹티이는 생크림에 설탕을 넣어 휘핑한 크림을 말합니다. 용도에 따라 60~100%까지 휘핑해 사용하는데 가장 많이 활용하는 짤주머니에 넣어 짜는 용 또는 아이싱용은 70~80%, 시트 사이에 바르는 경우는 90~100%까지 단단하게 휘핑합니다.

60%

70%

80%

90%

크렘 샹티이 크림
휘핑 정도 사진

100%

크렘 푸에테

02 *Crème fouettée*

휘핑한 생크림, 즉 휘핑 크림이라는 뜻으로 오직 생크림만을 휘핑했기 때문에 주로 다른 맛을 첨가한 반죽과 섞어 무스 등을 만들 때 사용합니다.

무스를 만들 때는 생크림의 농도로 무스의 질감을 조절할 수 있습니다. 반죽에 포함된 초콜릿이나 전분, 젤라틴, 펙틴 등의 응고제(고형제) 함량이 평소보다 많아 본반죽이 단단하다면 생크림의 휘핑을 덜해야 하고 평소보다 본반죽이 묽다면 휘핑을 더 해 되기를 맞춥니다.

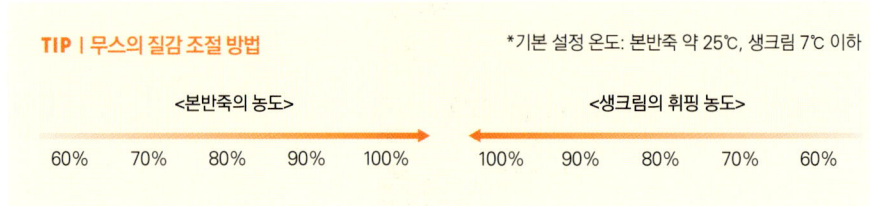

TIP | 무스의 질감 조절 방법

*기본 설정 온도: 본반죽 약 25℃, 생크림 7℃ 이하

<본반죽의 농도>						<생크림의 휘핑 농도>				
60%	70%	80%	90%	100%		100%	90%	80%	70%	60%

크렘 샹티이 쇼콜라

03 *Crème chantilly chocolat*

60~70℃로 가열한 생크림에 초콜릿을 넣고 유화시켜 냉장고에서 냉각 및 휴지시킨 뒤 부드럽게 휘핑해 사용합니다. 과하게 휘핑하거나 고속으로 휘핑하면 카카오버터의 지방이 뭉쳐 크림이 버글거릴 수 있으니 주의합니다.

크렘 파티시에

04 *Crème pâtissière*

영어로는 커스터드 크림이라 부르며 프랑스어로는 '제과사의 크림'이란 뜻의 '크렘 파티시에'로 이름 지었을 정도로 다양하게 활용하는 크림입니다. 우유에 노른자, 설탕, 밀가루 또는 옥수수 전분을 섞은 뒤 80~85℃까지 지속적으로 가열해 노른자를 살균하고 전분을 충분히 호화시켜 만듭니다.

05 Crème anglais

크렘 앙글레즈

우유에 노른자와 설탕을 섞고 85~90℃까지 가열하는 소스 형태의 크림입니다. 크렘 파티시에와 달리 전분을 넣지 않아 좀 더 묽으며 버터크림, 무스 등에 다양하게 활용합니다. 노른자가 익어 덩어리가 생기지 않도록 중약불에서 가열하며 바닥까지 잘 저어야 합니다.

06 Crème diplomate

크렘 디플로마트

보통 크렘 파티시에와 휘핑한 생크림을 2:1 비율로 섞고 녹인 젤라틴을 넣은 뒤 잘 섞어 만듭니다. 대표적으로 슈 아 라 크렘 내부를 채우는 충전용으로 사용합니다. 고전적인 비율은 2:1이지만 어느 정도 자유롭게 조정해 사용해도 괜찮습니다.

07 Crème mousseline

크렘 무슬린

크렘 파티시에를 만든 뒤 버터를 2:1의 비율로 섞어 만드는 것이 가장 대표적인 레시피입니다. 이보다 버터를 더 많이 넣으면 묵직한 크림이 되고 덜 넣으면 조금 더 가벼운 크림이 됩니다. 크렘 무슬린을 활용하는 대표 제품으로는 프레지에가 있습니다.

08 Crème chiboust

크렘 시부스트

크렘 파티시에와 이탈리안 머랭 또는 스위스 머랭을 섞어 만드는 크림입니다. 생토노레 크림이라고 불릴 정도로 생토노레에 사용하는 대표적인 크림이며 그 외에 무스케이크에도 다양하게 활용하는 크림입니다.

크렘 다망드

아몬드 파우더, 버터, 설탕, 달걀, 럼 등의 재료를 분리가 되지 않도록 잘 섞어 만드는 크림으로 주재료가 아몬드 파우더이기 때문에 아몬드 크림이라는 뜻의 크렘 다망드라고 부릅니다. 주로 갈레트 데 루아나 타르트에 사용하며 아몬드와 럼의 풍미가 돋보입니다.

크렘 프랑지판

크렘 파티시에와 크렘 다망드를 2:1로 섞어 만들며 크렘 다망드와 같이 주로 갈레트 데 루아나 타르트에 사용합니다. 크렘 다망드에 크렘 파티시에를 넣었기 때문에 크렘 다망드에 비해 수분감이 많고 부드러우며 조금 더 달콤합니다.

크렘 오 뵈르

보통 크렘 오 뵈르라 하면 크렘 앙글레즈에 버터를 섞어 만드는 크림을 말하는데 정확하게 말하자면 크렘 오 뵈르 아 랑글레즈 (crème au beurre à l'anglaise)입니다. 마카롱이나 파운드케이크 사이에 넣거나 또는 오페라 등에 사용합니다.

크렘 오 뵈르 이탈리안

흰자를 먼저 50% 정도 휘핑한 다음 118℃까지 끓인 시럽을 부으면서 100% 휘핑해 이탈리안 머랭을 만듭니다. 그 후 적정 온도로 식힌 이탈리안 머랭을 부드러운 버터와 섞어 만드는 버터크림입니다. 흰자만 사용했기 때문에 버터크림 중에서도 비교적 맛이 깔끔하고 가벼운 편입니다.

13 crème au beurre pâte à bombe

크렘 오 뵈르 파트 아 봉브

이탈리안 머랭을 만들 때처럼 노른자를 고속으로 휘핑해 공기를 충분히 포집한 뒤 118℃까지 끓인 시럽을 부으면서 다시 빠르게 휘핑해 노른자를 살균한 것을 파트 아 봉브라 합니다. 이 파트 아 봉브에 실온 상태의 부드러운 버터를 섞은 버터크림입니다.

14 crème bavarois

크렘 바바루아

크렘 앙글레즈에 초콜릿, 카라멜 등 맛을 내는 재료를 섞고 녹인 젤라틴을 넣은 뒤 휘핑한 생크림과 함께 부드럽게 섞은 크림입니다. 노른자로 만든 크렘 앙글레즈 베이스에 주로 진한 맛을 느낄 수 있는 재료들을 더해 부드러우면서도 묵직한 편입니다.

15 crème ganache montée

크렘 가나슈 몽테

생크림을 약 70℃로 가열한 뒤 초콜릿과 젤라틴을 넣어 유화시키고 냉장고에서 차갑게 식히면서 충분히 휴지시킨 다음 부드럽게 휘핑해 사용하는 크림입니다. 초콜릿과 젤라틴을 넣었기 때문에 비교적 단단해 휘핑하지 않고 그대로 사용하기도 합니다.

Chocolat
& Décoration

초콜릿과 기타 장식물

템퍼링

템퍼링이란 초콜릿에만 해당하는 매우 특별한 작업입니다. 어려운 개념이지만 간단히 설명하면 템퍼링은 초콜릿을 녹였다가 특정 온도로 맞추는 과정을 통해 초콜릿 속 카카오버터를 안정적인 결정 구조로 만드는 작업을 말합니다. 템퍼링한 초콜릿의 대표적인 예는 커버추어 초콜릿입니다. 템퍼링이 잘 된 초콜릿은 손에서는 잘 녹지 않지만 입안에서는 부드럽게 녹으며 겉면에 광택이 납니다. 템퍼링의 적정 온도는 각 커버추어 초콜릿의 포장지에 적혀 있습니다. 그 온도를 따라 작업하되 초콜릿을 50℃ 이상으로 녹이면 지방이 뭉치면서 결정이 생길 수 있으니 각별히 주의해야 합니다. 여기 소개하는 세 가지 템퍼링 방법 중 본인에게 더 편한 방법으로 작업하며 익숙해지길 바랍니다.

수냉법(중탕법)

중탕법이라고도 부르는 템퍼링 방법입니다. 약 60℃의 물 위에 초콜릿을 담은 스테인리스 볼을 올려 초콜릿을 45~50℃로 녹인 다음 얼음물을 받쳐 초콜릿의 온도를 낮춥니다. 그 후 다시 따뜻한 물 위에서 적정 온도까지 올립니다. 수냉법의 장점은 다른 템퍼링 방법에 비해 손쉽고 처음 준비한 초콜릿의 양과 작업후의 초콜릿 양이 크게 변하지 않아 사용할 양만큼만 작업할 수 있다는 점입니다. 대신 단점은 물을 사용하기 때문에 작업할 때 초콜릿에 물이 들어가면 블룸 현상이 일어날 수 있고 심할 경우 아예 사용하지 못할 수 있다는 것입니다.

접종법

초콜릿을 45~50℃까지 녹인 뒤 템퍼링이 완료되어 굳은 상태의 초콜릿 조각, 혹은 커버추어 초콜릿 코인을 조금씩 추가해 섞으면서 최종 온도로 맞추는 작업 방식입니다. 가장 간편한 방법이지만 사용하고자 하는 적정량을 맞추기 어렵다는 단점이 있습니다.

대리석법

템퍼링을 가장 빨리 할 수 있어 업장에서 많이 사용하는 방법입니다. 초콜릿을 45~50℃로 녹인 뒤 대리석에 녹인 초콜릿의 약 80%를 부어 초콜릿을 넓게 펼쳤다가 다시 모으는 작업을 반복해 온도를 낮추고 다시 남은 초콜릿과 합쳐 최종 온도로 맞춥니다. 대리석법의 장점은 양이 많아도 빠르게 작업할 수 있고 원하는 만큼의 초콜릿만 사용이 가능하다는 점입니다. 그러나 대리석이 있어야 하고 작업이 능숙하지 않은 초보자에게는 쉽지 않습니다. 또한 온도와 시간을 맞추는 것도 어려울 수 있어 많은 연습이 필요합니다.

Décoration

초콜릿 장식물 만들기

템퍼링을 할 수 있다면 이제 제품을 한층 더 돋보이게 해 줄 다양한 초콜릿 장식물 만들기에 도전해 보세요. 만들기도 쉽고 활용 범위가 넓은 초콜릿 장식물 몇 가지를 소개합니다.

01
띠 모양

1

2

3

HOW TO MAKE

1 무스띠 또는 케이크띠 비닐 위에 템퍼링한 초콜릿 적당량을 떨어뜨린 뒤 스패튤러로 얇게 밀어 편다.

2 조심스럽게 띠지를 들어 떼어 낸다.

3 비닐이 바깥을 향하도록 무스케이크 틀에 두르고 굳힌 뒤 비닐에서 떼어 사용한다.

3-1 윗면을 긁개 등으로 긁어 일정한 두께의 띠를 만든 뒤 굳히고 비닐에서 떼어 사용한다.

3-1

02
원 모양

HOW TO MAKE

1 OPP 비닐 한쪽 끝에 템퍼링한 초콜릿 적당량을 길게 부은 뒤 비닐 한 장을 덮는다.
2 밀대를 이용해 반대쪽 방향으로 일정한 두께가 되도록 밀어 편다.
3 살짝 굳으면 원형 틀로 찍어 모양을 낸 뒤 완전히 굳히고 비닐을 떼어 낸다. 필요에 따라 굴곡이 있는 팬 등에 올려 모양을 낸다.

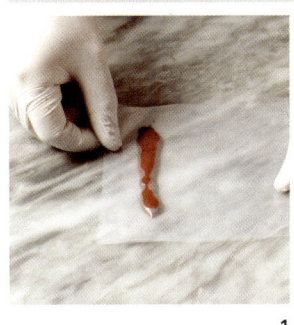

1   2   3

03
깃털 모양

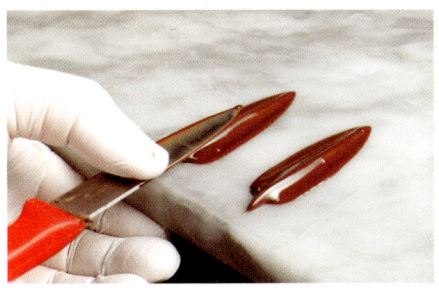
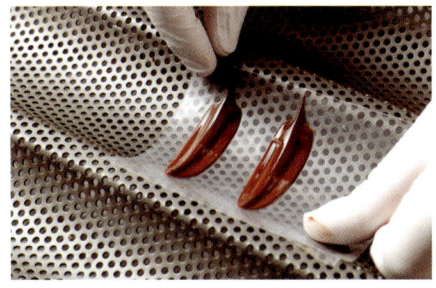

1   2

HOW TO MAKE

1 칼날의 끝에 템퍼링한 초콜릿을 묻힌 뒤 opp 비닐 위에 살짝 눌렀다 떼 깃털 모양을 만든다.
2 필요에 따라 굴곡이 있는 팬 등에 올려 굳힌다.

04

도장 모양

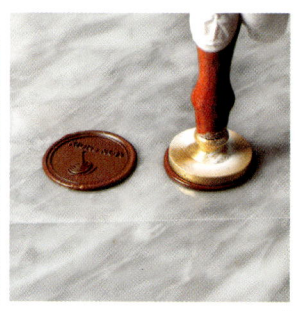

1
2

HOW TO MAKE

1 OPP 비닐 위에 템퍼링한 초콜릿을 조금 짠다.

2 냉동고에 보관하거나 얼음물에 담갔다가 물기를 제거해 차가운 상태의
도장으로 적당히 눌러 모양을 낸 다음 굳히고 떼어 낸다.

05

초콜릿
플라스틱

다크초콜릿 125g
물엿 40g

HOW TO MAKE

1 다크초콜릿을 약 35℃까지 녹이고 필요에
따라 초콜릿용 식용 색소를 첨가한다.

2 물엿을 약 40℃까지 데운 뒤 **1**에 넣고 섞는다.

3 반죽을 랩으로 감싼 뒤 얇게 눌러 펴 실온에서
약 2시간 동안 숙성시킨다.

4 손으로 주물러 부드럽게 만든 뒤 밀대로 밀어
펴고 쿠키 틀 등을 이용해 원하는 모양으로
찍어 낸다.

1
2

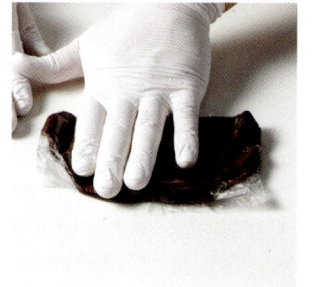

3
4

그 밖의 데커레이션

제품을 코팅해 제품 내부의 수분이 날아가지 않게 보호하면서 색과 맛을 더하는 다양한 글라사주와 글라세를 소개합니다. 그리고 초콜릿 플라스틱 만드는 공정과 비슷하지만 미분당을 사용하는 파스티야주 제조 방법도 알아봅니다.

01 쇼콜라 글라사주 구르멍

A
파트 아 글라세 다크 210g
다크초콜릿 65g

포도씨유 20g

HOW TO MAKE

1 A를 녹인 뒤 포도씨유와 잘 섞고 35℃로 사용한다.

02 로열 글라세

미분당 100g
물 29g

HOW TO MAKE

1 체 친 미분당과 물을 골고루 섞어 적당한 농도로 만든 뒤 파운드 또는 마들렌 등의 구움과자 겉면에 바른다.
TIP 물 대신 과일 퓌레 또는 과일즙을 사용해도 된다. 경우에 따라 바른 뒤 한 번 더 구워 굳힌다.

03

나파주
글라사주
(투명 글라사주)

A	B
물 130g	설탕 130g
물엿 25g	펙틴 NH 6g

HOW TO MAKE

1 냄비에 A와 골고루 섞은 B를 넣고 중불로
  가열하며 섞는다.
  TIP 필요에 따라 색소를 첨가한다.

2 설탕이 모두 녹으면 불에서 내려 랩을
  밀착시키고 냉장고에 보관한 뒤 약 40℃로
  데워서 사용한다.

04

파스티야주

A	B
미분당 100g	찬물 6g
옥수수 전분 10g	식초 또는 레몬즙 2g
젤라틴 매스 12g	덧가루 **적당량**

HOW TO MAKE

1 믹서볼에 체 친 A를 넣고 비터를 사용해
  1단으로 돌리면서 30℃로 녹인 젤라틴
  매스를 넣어 믹싱한다.

2 B를 넣고 한 덩어리가 될 때까지 믹싱한다.
  TIP 색을 내고 싶다면 물에 색소를 추가하고
  반죽이 묽다면 미분당을 추가해 되기를
  맞춘다.

3 반죽을 눌러 편 다음 랩으로 감싸 실온에서
  휴지시킨다.

4 미분당과 옥수수 전분을 10:1의 비율로
  섞어 만든 덧가루를 뿌린 뒤 반죽을 올려
  밀대로 밀어 펴고 원하는 모양으로 찍어
  낸다.

프랑스 제과 용어

알고 있으면 유용한 프랑스 제과 용어를 소개합니다. 프랑스 제과점 주방은 물론 실제 현장에서도 많이 사용되는 용어들이니 숙지해 두면 많은 도움이 될 것입니다.

마리즈 maryse
제과에서 자주 사용하는 도구 중 하나인 실리콘 소재의 주걱을 말합니다.

사블라주 sablage
모래와 같이 부슬부슬한 상태를 의미하기 때문에 밀가루 등 가루 재료와 버터를 섞어 고운 모래 질감으로 만드는 것, 설탕을 결정화시키는 작업 모두를 가리키는 용어입니다.

프라제 fraser
스크레이퍼나 손을 이용해 반죽을 짓이기듯 밀어 펴서 한 번 더 고루 섞는 것을 말합니다. 버터나 밀가루 등 재료가 모두 잘 섞였는지 확인하면서 반죽을 균일하고 부드러운 상태로 만드는 작업입니다.

크레마주 crémage
부드러운 버터에 설탕을 넣고 크림 상태가 될 때까지 섞는 작업을 말합니다.

TPT(tant pour tant)
아몬드 파우더와 미분당을 같은 비율로 섞은 것을 말하며 비스퀴 반죽, 프티 푸르(petit four) 등 아몬드 파우더를 활용한 반죽을 만들 때 사용합니다.

무 mou
'부드러운', '무른'이라는 뜻의 프랑스어로 부드러운 질감의 재료 등을 말합니다.

블렁쉬 blanchir
하얗게 만든다는 뜻의 프랑스어로 노른자, 달걀 등을 휘핑해 밝은 색으로 만드는 작업을 말합니다.

뵈레 beurrer
버터를 바른다는 뜻으로 녹인 버터나 부드러운 상태의
버터를 손 또는 붓으로 틀에 얇게 바르는 것을 말합니다.

퐁사주 fonçage
타르트를 만들 때 타르트 셸 반죽을 틀 크기에 맞게 틀에
밀착시키며 붙이는 작업입니다.

드레세 dresser
반죽을 짤주머니에 담아 일정한 크기나 간격으로 짜는
것을 뜻합니다.

아파레유 appareil
밀가루, 우유, 달걀 등을 섞어 만든 대부분의 유동성 있는 충전용 반죽을 지칭합니다. 에그 타르트, 키
슈, 카늘레 반죽이 대표적입니다.

브륄레 brûler
태운다는 뜻으로 크림이나 제품의 윗면을 불로 그을려 살짝 태운 것을 의미합니다.

카라멜리제 caraméliser
설탕을 가열하고 태워서 진갈색의 '카라멜을 만들다'란 뜻입니다.

슈미제 chemiser
제과에서는 주로 무스 제품 등을 만들 때 틀 안쪽에
빈 공간이 생기지 않도록 크림을 골고루 밀어 붙이
는 작업을 말합니다. 또한 구성 요소의 층을 균일하
게 만들거나 크림을 매끈하게 바르는 작업 과정을
이야기하기도 합니다.

데물레 démouler
몰드나 틀 등에 반죽을 넣어 굽거나 냉동고에서 굳
힌 뒤 틀에서 빼는 작업을 지칭하는 단어입니다.

도레 dorer
타르트나 반죽 등을 굽기 전 혹은 어느 정도 구운
뒤에 제품에 광택이 나도록 달걀물을 바르는 작업
을 의미합니다.

플랑베 flamber

태우다, 그슬린다는 뜻의 단어로 제품을 조리하는 과정에서 알코올을 넣고 직접 불을 붙인 뒤 알코올과 함께 잡내를 날리는 방법입니다.

앙비베 imbiber

적시다, 스며들게 하다라는 뜻 그대로 비스퀴나 제누아즈 등의 시트에 시럽 등을 발라 적시는 작업입니다.

앙퓨제 infuser

데운 우유나 물 등의 액체에 찻잎, 바닐라 빈 등 향료를 넣고 우리는 것을 말합니다.

멜랑제 mélanger

섞다, 혼합한다는 뜻으로 제과에서는 주로 크림과 반죽을 섞는 작업을 의미합니다.

몽테 monter

크림이나 머랭을 휘핑해 거품을 내는 작업을 지칭합니다.

몽타주 montage

조립이라는 뜻으로 제품의 구성 요소를 준비해 놓은 뒤 하나하나 조립해 완성하는 작업을 말합니다.

물라주 moulage

주조, 주형 제조라는 뜻을 가진 단어로 제과에서는 주로 틀이나 초콜릿 몰드에 초콜릿을 채워 넣었다가 빼는 작업을 말합니다.

피케 piquer

푀이타주 반죽 혹은 타르트 반죽에 포크 등 뾰족한 것으로 찔러 작은 구멍을 내 공기가 통하도록 만듦으로써 반죽이 부풀어 오르는 것을 방지하는 작업입니다.

GÂTEAUX

Financier d'amande . Madeleine
Galette breton chocolat . Scone
Madeleine pistache . Cookie sup
Macaron chocolat caramel

아몬드 피낭시에
헤이즐넛 피낭시에
바질 토마토 피낭시에
초콜릿 피낭시에
레몬 마들렌
초콜릿 마들렌
피스타치오 마들렌

참쑥 마들렌
흑임자 마들렌
오렌지 갈레트 브르통
초콜릿 갈레트 브르통
카눌레
아메리칸 초콜릿 쿠키
피칸 브라우니

사블레 쿠키 2종
생크림 스콘
샌드 쿠키
아몬드 플로랑탱
민트 초코 마카롱
초콜릿 캐러멜 마카롱

ocolat . Cannelé
me fraîche
posé

Partie1 | 구움과자

아몬드 슬라이스를 올려 구워 아몬드의 고소한 맛을 끌어올린 아몬드 피낭시에입니다. 프랑스어로는 '피낭시에 다망드'라고 하지요. 프랑스산 발효버터를 살짝 태워 헤이즐넛 향이 나는 뵈르 누아제트를 만든 다음 반죽에 넣어 버터 풍미가 돋보이도록 했습니다. 이 반죽에 다른 재료를 조합하면 다양한 제품으로 변주가 가능합니다.

Financier d'amande

01

아몬드 피낭시에 | 피낭시에 다망드

약 9개 분량

작업 순서&보관

반죽
냉장 보관 시 최대 **3일**

STEP 1
반죽

A
흰자 75g
꿀 3g
게랑드 소금 1g

B
아몬드 파우더 45g
미분당 73g
박력분 20g

뵈르 누아제트 75g

토핑
아몬드 슬라이스 적당량
• **총중량 292g**

HOW TO MAKE

1 냄비에 버터를 넣고 갈색이 될 때까지 태워
　뵈르 누아제트를 만든다.
2 볼에 A와 함께 체 친 B를 넣고 거품기를 이용해
　부드럽게 섞는다.
3 반죽에 60~70℃까지 식힌 뵈르 누아제트를
　두 번에 나누어 넣고 섞는다.

1

2

3

CHEF'S ADVICE

버터는 지방이 80~82%, 수분이 약 18% 함유되어 있습니다. 따라
서 버터를 가열해 뵈르 누아제트를 만들고 나면 버터 속 수분이 날아
가므로 버터를 계량할 때 18~20% 정도 증량하여 사용합니다.

4

4 짤주머니에 담아 실온(20~25℃)에서
약 30분간 휴지시킨다.

5 8.3×4×1.6cm 피낭시에 몰드에 약 80%
정도(약 32g) 팬닝한 뒤 아몬드 슬라이스를
올린다.

6 180℃ 컨벡션 오븐에서 9분 동안 구운 뒤
팬의 앞뒤를 돌려 4분 동안 더 굽는다.

7 구움색이 적당히 나면 오븐에서 꺼낸 뒤 팬에
충격을 주어 남은 수분이 날아가도록 한 다음
틀에서 분리한다.

8 실온에서 약 10분 정도 식힌 뒤 식힘망에
옮겨 완전히 식힌다.

5-1

5-2

6

'피낭시에 누아제트' 또는 '헤이즐넛 피낭시에'라고 부르는 이 제품은 아몬드 파우더 대신 헤이즐넛 파우더를 사용하고, 직접 만들어 더욱 풍미가 좋은 헤이즐넛 페이스트를 넣었습니다. 거기에 헤이즐넛 반태를 올려 고소함을 배가시키고 씹는 재미를 더했습니다.

Financier noisette

02

헤이즐넛 피낭시에 | 피낭시에 누아제트

약 9개 분량

작업 순서&보관

헤이즐넛 페이스트
냉장 보관 시 최대 7일
냉동 보관 시 최대 15일
↓
반죽
냉장 보관 시 최대 3일

STEP 1

헤이즐넛 페이스트

헤이즐넛 100g
식용유 5g

✎ HOW TO MAKE

1 헤이즐넛을 160℃ 컨벡션 오븐에서 약 15분 동안 구운 뒤 식힌다.

2 푸드프로세서에 구운 헤이즐넛을 넣고 갈면서 중간중간 식용유를 넣는다.

TIP 식용유는 포도씨유 등 향이 없는 제품을 사용하고 생략 가능하다.

3 원하는 상태가 될 때까지 간다.

2

3

STEP 2

반죽

A
흰자 75g
꿀 3g
게랑드 소금 1g

B
헤이즐넛 파우더 42g
미분당 73g
박력분 20g

헤이즐넛 페이스트 12g
뵈르 누아제트 70g

토핑
헤이즐넛 반태 **적당량**

• **총중량 296g**

1

✎ HOW TO MAKE

1 냄비에 버터를 넣고 갈색이 될 때까지 태워 뵈르 누아제트를 만든다.

2 볼에 A와 함께 체 친 B를 넣고 거품기를 이용해 부드럽게 섞는다.

2

3

4

5

3 헤이즐넛 페이스트를 넣고 섞는다.

4 반죽에 60~70℃까지 식힌 뵈르 누아제트를 두 번에 나누어 넣고 섞는다.

5 실온(20~25℃)에서 약 30분 동안 휴지시킨다.

6 8.3×4×1.6㎝ 피낭시에 몰드에 약 80% 정도 (약 32g) 팬닝한 뒤 토핑용 헤이즐넛 반태 약 9조각 정도를 골고루 올린다.

7 180℃ 컨벡션 오븐에 9분 동안 구운 뒤 팬의 앞뒤를 돌려 4분 동안 더 굽는다.

8 구움색이 적당히 나면 오븐에서 꺼낸 뒤 팬에 충격을 주어 남은 수분이 날아가도록 한 다음 틀에서 분리한다.

9 실온에서 약 10분 정도 식힌 뒤 식힘망에 옮겨 완전히 식힌다.

6-1

6-2

CHEF'S ADVICE ─────

버터는 지방이 80~82%, 수분이 약 18% 함유되어 있습니다. 따라서 버터를 가열해 뵈르 누아제트를 만들고 나면 버터 속 수분이 날아가므로 버터를 계량 할 때 18~20% 정도 증량하여 사용합니다.

수분은 날리고 토마토 풍미를 높인 선드라이드 토마토, 향긋한 바질 향을 느낄 수 있는 바질 페스토를 넣고 그라나 파다노를 듬뿍 갈아 올렸습니다. 새콤달콤하면서 짭조름한 맛이 색다른 매력을 선사하는 피낭시에입니다.

Financier tomate et basilic

03

바질 토마토 피낭시에 | 피낭시에 토마테 에 바질릭

약 9개 분량

작업 순서&보관

반죽
냉장 보관 시 최대 **3일**

STEP 1
반죽

A
흰자 75g
꿀 3g

B
아몬드 파우더 42g
미분당 73g
박력분 23g

간 그라나 파다노 5g
선드라이드 토마토 15g
바질 페스토 4g

뵈르 누아제트 72g

토핑
선드라이드 토마토 적당량
그라나 파다노 적당량
바질잎 적당량
• **총중량 312g**

HOW TO MAKE

1 냄비에 버터를 넣고 갈색이 될 때까지 태워
  뵈르 누아제트를 만든다.
2 볼에 A와 함께 체 친 B를 넣고 거품기를 이용해
  부드럽게 섞는다.
3 반죽에 60~70℃까지 식힌 뵈르 누아제트를
  두 번에 나누어 넣고 섞는다.
4 간 그라나 파다노, 다진 선드라이드 토마토,
  바질 페스토를 넣고 섞는다.
5 실온(20~25℃)에서 약 30분 동안 휴지시킨다.

CHEF'S ADVICE

버터는 지방이 80~82%, 수분이 약 18% 함유되어 있다. 따라서
뵈르 누아제트를 만들고 나면 버터 속 수분이 날아가므로 버터를
계량할 때 18~20% 정도 증량하여 계량한다.

3

4

5

6

7

10

6 8.3×4×1.6㎝ 피낭시에 몰드에 35g씩 팬닝한다.

7 윗면에 토핑용 다진 선드라이드 토마토 조각을 올린 뒤 그라나 파다노를 갈아 뿌린다.

8 180℃ 컨벡션 오븐에서 9분 동안 구운 뒤 팬의 앞뒤를 돌리고 4분 동안 더 굽는다.

9 구움색이 적당히 나면 오븐에서 꺼낸 뒤 팬에 충격을 주어 남은 수분이 날아가도록 한 다음 틀에서 분리한다.

10 실온에서 약 10분 정도 식힌 뒤 그라나 파다노를 한 번 더 갈아 뿌리고 바질잎을 올린다.

11 식힘망에 옮겨 완전히 식힌다.

프랑스어로 쇼콜라는 초콜릿을 일컫는데요, 뵈르 누아제트에 다크초콜릿을 넣어 녹인 뒤 반죽과 함께 섞어 초콜릿 맛을 더했습니다. 당도가 높아지지 않도록 미분당의 양은 조금 줄이고 카카오 닙으로 식감과 카카오 풍미를 더했습니다.

Financier chocolat

04

초콜릿 피낭시에 | 피낭시에 쇼콜라

8개 분량

작업 순서&보관

반죽
냉장 보관 시 최대 3일

반죽

A
흰자 75g
꿀 3g
게랑드 소금 1g

B
아몬드 파우더 39g
미분당 66g
박력분 16g

뵈르 누아제트 70g
다크초콜릿 9g

토핑
카카오 닙 적당량

● **총중량 279g**

HOW TO MAKE

1 냄비에 버터를 넣고 갈색이 될 때까지 태워
뵈르 누아제트를 만든다.

2 볼에 A와 함께 체 친 B를 넣고 거품기를 이용해
부드럽게 섞는다.

3 55~60℃까지 식힌 뵈르 누아제트에
다크초콜릿을 넣어 녹이고 섞는다.

CHEF'S ADVICE

버터는 지방이 80~82%, 수분이 약 18% 함유되어 있다. 따라서 뵈
르 누아제트를 만들고 나면 버터 속 수분이 날아가므로 버터를 계
량할 때 18~20% 정도 증량하여 계량한다.

4

5

6

7

4 반죽에 **3**을 넣어 섞는다.

5 완전히 섞이면 실온(20~25℃)에서 약 30분 동안 휴지시킨다.

6 8.3×4×1.6㎝ 피낭시에 몰드에 33g씩 팬닝한 뒤 토핑용 카카오 닙을 뿌린다.

7 180℃ 컨벡션 오븐에서 9분 동안 구운 뒤 팬의 앞뒤를 돌리고 4분 동안 더 굽는다.

8 구움색이 적당히 나면 오븐에서 꺼낸 뒤 팬에 충격을 주어 남은 수분이 날아가도록 한 다음 틀에서 분리한다.

   TIP 반죽에 초콜릿을 넣어 다른 제품보다 색이 진하기 때문에 구움색으로 분간이 힘들 경우 윗면을 눌러 상태를 확인한다. 윗면을 눌렀을 때 누른 자국 그대로 눌려 들어간다면 아직 덜 익은 상태이기 때문에 더 굽는다.

9 실온에서 약 10분 정도 식힌 뒤 식힘망에 옮겨 완전히 식힌다.

레몬 마들렌을 한국인의 취향에 맞게 재탄생시켰습니다. 촉촉한 식감은 지키면서 보다 먹음직스럽게 보이도록 제품의 볼륨을 키운 레시피입니다. 여기에 레몬 로열 글라세를 더해 더욱 달콤하고 상큼한 맛을 더했습니다.

Madeleine citron

05

레몬 마들렌 | 마들렌 시트롱

약 8개 분량

작업 순서&보관

반죽
냉장 보관 시 최대 3일
↓
레몬 로열 글라세
냉장 보관 시 최대 3일

반죽

버터 75g
달걀(실온) 60g
설탕 55g

A
박력분 64g
베이킹파우더 2g

레몬 제스트 3g
• **총중량 259g**

HOW TO MAKE

1 냄비에 버터를 넣고 가열해 녹인 뒤 45℃까지 식힌다.
2 믹서볼에 달걀과 설탕을 넣고 거품기로 약 80%까지
   휘핑한다.
   TIP 온도가 낮을 경우 볼을 데워 가며 휘핑한다.
3 볼에 옮긴 뒤 A를 체 쳐 넣고 빠르고 부드럽게 섞는다.
4 레몬 제스트를 넣고 충분히 섞는다.
5 45℃의 녹인 버터를 두 번에 나누어 넣고 골고루 섞은
   뒤 짤주머니에 담는다.
6 마들렌 몰드에 약 80%씩(약 32g) 팬닝한 뒤
   냉장고에서 20분 동안 휴지시킨다.
7 180℃ 컨벡션 오븐에서 7분 동안 구운 뒤 팬의 앞뒤를
   돌리고 약 3분 정도 더 굽는다.
   TIP 구움색을 확인한 뒤 오븐에서 꺼낸다.
8 팬에서 빼 완전히 식힌 뒤 겉면이 단단해질 때까지
   냉동고에 넣어 둔다.

5   6

STEP 2

레몬
로열 글라세&
마무리

미분당 50g

A
레몬즙 10g
30보메 시럽 4g

• **총중량 64g**

HOW TO MAKE

1 볼에 모든 재료를 넣고 섞는다. 미분당은 체 쳐 사용한다.

마무리

2 마들렌 겉면에 붓으로 레몬 로열 글라세를 골고루 바른다.
3 테프론 시트를 깐 베이킹 팬에 놓고 180℃ 컨벡션 오븐에서
1~2분 정도 구워 겉면을 말린 뒤 완전히 식힌다.

1

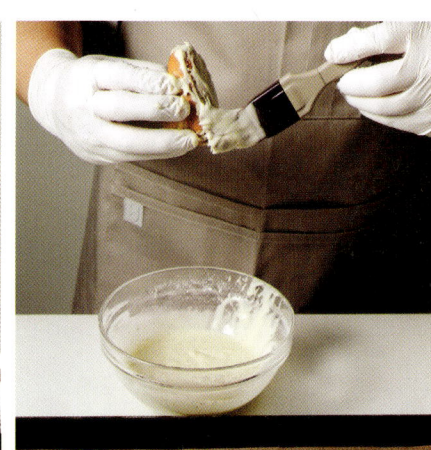

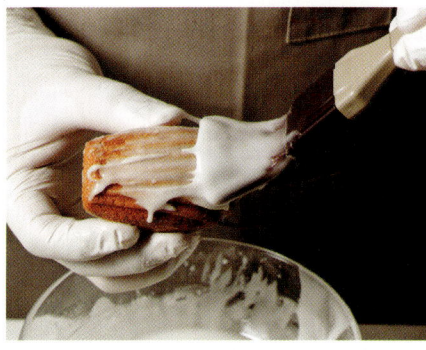

2

3

반죽에 코코아 파우더를 넣어 초콜릿 풍미를 내고 마들렌 배꼽 중앙에 구멍을 뚫어 부드럽고 달콤한 다크초콜릿 가나슈를 채워 만들었습니다. 마지막으로 카카오 닙을 붙여 오독오독 씹는 재미와 쌉싸름한 맛을 더했습니다.

Madeleine
chocolat

06

초콜릿 마들렌 │ 마들렌 쇼콜라

약 8개 분량

작업 순서&보관

반죽
냉장 보관 시 최대 3일
↓
다크초콜릿 가나슈
냉장 보관 시 최대 4일

반죽

버터 75g
달걀(실온) 60g
설탕 55g

A
박력분 52g
코코아 파우더 11g
베이킹파우더 2.2g

생크림 3g
• **총중량 258.2g**

✎
HOW TO MAKE

1 냄비에 버터를 넣고 가열해 녹인 뒤 45℃까지 식힌다.

2 믹서볼에 달걀과 설탕을 넣고 거품기로 약 80%까지
휘핑한다.
TIP 온도가 낮을 경우 볼을 데워 가며 휘핑한다.

3 볼에 옮긴 뒤 함께 체 친 A를 넣어 빠르고 부드럽게 섞는다.

4 45℃의 버터와 비슷한 온도로 데운 생크림을 두 번에
나누어 넣고 골고루 섞는다.

5 모든 재료가 완전히 유화되면 짤주머니에 담는다.

6 마들렌 몰드에 약 80%씩(약 32g) 팬닝한 뒤 냉장고에서
20분 동안 휴지시킨다.

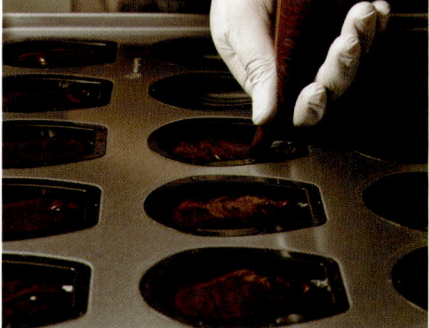

7 180℃ 컨벡션 오븐에서 7분 동안 구운 뒤 팬의 앞뒤를 돌리고
약 3분 정도 더 굽는다.

　TIP 구움색과 상태를 확인한 뒤 오븐에서 꺼낸다.

8 팬에서 빼 완전히 식힌다.

STEP 2

다크초콜릿 가나슈&마무리

A	**B**	**마무리**
생크림 50g	다크초콜릿 65g	카카오 닙 적당량
트리몰린 2.5g	버터 4g	
	• 총중량 121.5g	

HOW TO MAKE

1 A를 약 70℃까지 가열한다.

2 계량컵에 B를 넣고 데운 A를 넣어 유화시킨다.

3 볼에 옮긴 뒤 랩을 밀착시켜 실온에서 식힌다.

마무리

4 마들렌의 배꼽 중앙에 애플코어러로 구멍을 낸 뒤
그 구멍에 다크초콜릿 가나슈(약 6g)를 채운다.

5 가나슈 부분에 카카오 닙을 붙여 장식한다.

'마들렌 피스타슈'라고 불리는 마들렌입니다. 프랑스어로 피스타슈는 피스타치오를 뜻하는데 구운 피스타치오를 갈아 페이스트 상태로 만든 뒤 반죽에 넣어 고소함을 더했습니다. 로열 글라세에도 피스타치오 페이스트를 넣어 은은한 연두빛과 함께 피스타치오의 풍미를 느낄 수 있습니다.

Madeleine pistache

07

피스타치오 마들렌 | 마들렌 피스타슈

약 8개 분량

작업 순서&보관

피스타치오 페이스트
냉장 보관 시 최대 5일
냉동 보관 시 최대 15일
↓
반죽
냉장 보관 시 최대 3일
↓
피스타치오 로열 글라세
냉장 보관 시 최대 3일

STEP 1

피스타치오 페이스트

구운 피스타치오 50g
식용유 5g
• **총중량 55g**

HOW TO MAKE

1 베이킹팬에 피스타치오를 펼쳐 넣고 150℃ 컨벡션 오븐에서 약 9분 정도 구운 뒤 식힌다.
2 푸드프로세서에 구운 피스타치오를 넣고 약 10초 정도 간다.
3 식용유를 넣고 원하는 되기가 될 때까지 간다.
     TIP 식용유는 포도씨유 등 향이 없는 제품을 사용한다.

STEP 2

반죽

달걀(실온) 60g
설탕 55g

A
박력분 66g
베이킹파우더 2g

버터 75g
피스타치오 페이스트 7.5g
• **총중량 265.5g**

HOW TO MAKE

1 믹서볼에 달걀과 설탕을 넣고 거품기로 약 80%까지 휘핑한다.
2 볼에 옮긴 뒤 A를 체 쳐 넣고 빠르고 부드럽게 섞는다.
3 45℃로 데운 버터에 피스타치오 페이스트를 넣고 섞는다.
4 2에 3을 두 번에 나누어 넣고 골고루 섞는다.

5 모든 재료가 완전히 유화되면 짤주머니에 담는다.
6 준비된 몰드에 약 80%씩 팬닝한 뒤 냉장고에서 20분 동안 휴지시킨다.
7 180℃ 컨벡션 오븐에서 7분 동안 구운 뒤 팬의 앞뒤를 돌리고 약 3분 정도 더 굽는다.
8 팬에서 빼 완전히 식힌 뒤 냉동고에 잠시 넣어 겉면을 단단하게 굳힌다.

STEP 3

피스타치오 로열 글라세&마무리

피스타치오 페이스트 4g
30보메 시럽 24g
미분당 50g
• 총중량 78g

마무리
피스타치오 분태 적당량

HOW TO MAKE

1 피스타치오 페이스트를 부드럽게 푼 뒤 볼에 모든 재료를 넣고 섞는다.

마무리

2 마들렌 겉면에 붓으로 피스타치오 로열 글라세를 골고루 바른다.

3 마들렌 배꼽 부분에 피스타치오 분태를 붙인 뒤 테프론 시트를 깐 베이킹팬에 놓는다.

4 180℃ 컨벡션 오븐에서 1~2분 정도 구워 겉면을 말린 뒤 식힌다.

프랑스에서는 참쑥을 가르키는 정확한 명칭이 없기 때문에 프랑스 이름 또한 '마들렌 참쑥'으로 표기했습니다. 어른들도 좋아할 만한 한국식 제품을 만들고자 응용한 제품입니다. 쑥가루를 넣어 향긋한 쑥 향을 더하고 볶은 콩가루를 사용한 크럼블을 얹어 고소하면서도 달콤한 맛을 내는 우리맛 마들렌이지요.

Madeleine cham-ssuck

08

참쑥 마들렌 | 마들렌 참쑥

약 8개 분량

작업 순서&보관

콩가루 크럼블
냉동 보관 시 최대 5일
↓
반죽
냉장 보관 시 최대 3일

콩가루 크럼블

버터 38g

A
황설탕 29g
볶은 콩가루 10g
박력분 73g

달걀 4g
• **총중량 154g**

HOW TO MAKE

1 믹서볼에 적당한 크기로 자른 버터와 함께 체 친 A를 넣고 비터로 믹싱해 사블라주한다.

2 달걀을 넣으면서 믹싱해 일정한 크기의 크럼블을 만든다.
   TIP 원하는 크기의 크럼블을 만들기 위해 테프론 시트를 깐 베이킹팬에 반죽을 펼친 뒤 손으로 비벼 적당한 크기로 만든다.

3 밀폐 용기에 담아 냉동고에 보관한다.

1

2-1

2-2

3

STEP 2

반죽

버터 75g
달걀(실온) 60g
설탕 55g

A
박력분 57g
쑥가루(100%) 3.5g
베이킹파우더 2g
• **총중량 252.5g**

HOW TO MAKE

1 냄비에 버터를 넣고 가열해 녹인 뒤 45℃까지 식힌다.
2 믹서볼에 달걀과 설탕을 넣고 거품기로 약 80%까지
  휘핑한다.
  TIP 온도가 낮을 경우 볼을 데워 가며 휘핑한다.
3 볼에 옮긴 뒤 A를 체 쳐 넣고 빠르고 부드럽게 섞는다.
4 45℃의 녹인 버터를 두 번에 나누어 넣고 골고루 섞은 뒤
  짤주머니에 담는다.
5 마들렌 몰드에 약 80%씩(약 31g) 팬닝한 뒤 냉장고에서
  20분 동안 휴지시킨다.
6 마들렌 반죽 위에 콩가루 크럼블 5g씩을 골고루 올린 뒤
  180℃ 컨벡션 오븐에서 7분 동안 굽고 팬의 앞뒤를 돌린
  다음 3분 정도 더 굽는다.
  TIP 구움색을 확인한 뒤 오븐에서 꺼낸다.
7 팬에서 빼 완전히 식힌다.

3

4

5

6

프랑스어로는 '마들렌 세잠 누아'라고 부릅니다. 세잠은 깨를 의미하며 누아는 검은색을 뜻합니다. 흑임자는 프랑스에서 흔히 사용하는 재료가 아니지만 한국인의 입맛에 맞추어 반죽에 흑임자 가루와 흑임자, 그리고 흑임자 페이스트를 넣었습니다. 크렘 오 뵈르 아 랑글레즈에도 흑임자 페이스트와 흑임자를 더해 고소한 맛을 배가시킨 마들렌입니다.

Madeleine sésame noir

09

흑임자 마들렌 | 마들렌 세잠 누아

약 8개 분량

작업 순서&보관

반죽
냉장 보관 시 최대 3일
↓
크렘 오 뵈르 아 랑글레즈
냉장 보관 시 최대 5일

STEP 1

반죽

버터 75g
흑임자 페이스트 4g

달걀(실온) 60g
설탕 55g

A
박력분 57g
흑임자 가루 2.5g
베이킹파우더 2g

흑임자 적당량
• **총중량 255.5g**

1

3

HOW TO MAKE

1 냄비에 버터를 넣고 가열해 녹인 뒤 45℃까지
   식히고 흑임자 페이스트를 섞어 둔다.

2 믹서볼에 달걀과 설탕을 넣고 거품기로
   약 80%까지 휘핑한다.
   TIP 온도가 낮을 경우 볼을 데워 가며 휘핑한다.

3 볼에 옮긴 뒤 A를 체 쳐 넣고 빠르고 부드럽게
   섞는다.

4 1을 두 번에 나누어 넣고 골고루 섞은 뒤
   짤주머니에 담는다.

5 마들렌 몰드에 약 80%씩(약 31g) 팬닝한 뒤
   흑임자를 골고루 뿌리고 냉장고에서 20분 동안
   휴지시킨다.

6 180℃ 컨벡션 오븐에서 7분 동안 구운 뒤 팬의
   앞뒤를 돌리고 약 3분 정도 더 굽는다.
   TIP 구움색을 확인한 뒤 오븐에서 꺼낸다.

7 팬에서 빼 완전히 식힌다.

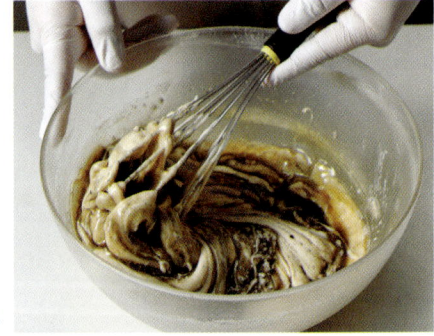

4

5

크렘 오 뵈르 아 랑글레즈&마무리

우유 35g
노른자 22g
설탕 19g
버터(실온) 80g
흑임자 페이스트 4.5g
흑임자 1.5g
• 총중량 162g

마무리
흑임자 적당량

HOW TO MAKE

1 냄비에 우유, 노른자를 넣고 섞은 다음 설탕을 넣어 잘 섞은 뒤 중약불에서 85℃가 될 때까지 저으면서 가열한다.
2 믹서볼에 옮긴 뒤 거품기로 휘핑해 약 25~30℃까지 식힌다.
3 부드러운 버터를 여러 번 나누어 넣으며 휘핑해 섞는다.
4 밝은 아이보리색이 될 때까지 휘핑한 뒤 흑임자 페이스트와 흑임자를 넣고 섞는다.

마무리
5 마들렌의 배꼽 중앙에 애플코어러로 구멍을 낸 뒤 크렘 오 뵈르 아 랑글레즈 약 6g을 짜 넣는다.
6 크림 부분에 흑임자를 찍어 붙인다.

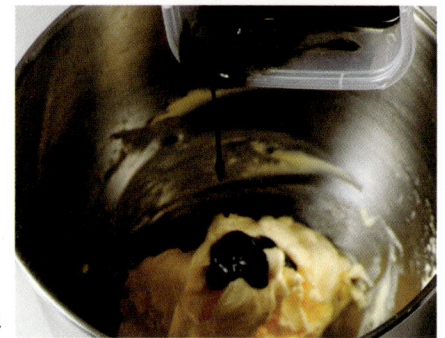

'갈레트 브르톤'은 영국인들이 많이 이주해 살던 프랑스 북서부 브르타뉴 지역에서 유래된 전통 과자입니다. 동그란 모양의 버터 쿠키로 진한 버터 풍미를 느낄 수 있는 제품이지만 자칫 느끼하다고 여길 수 있어 오렌지 제스트로 상큼함을 더하고 느끼함을 덜었습니다.

Galette breton d'orange

10

오렌지 갈레트 브르톤 │ 갈레트 브르톤 도랑주

6개 분량

작업 순서&보관

반죽
냉장 보관 시 최대 3일
↓
달걀물 당일

STEP 1

반죽

A
버터 102g
오렌지 제스트 1g

B
미분당 41g
소금 1.5g

노른자 16g

C
박력분 102g
아몬드 파우더 25g
베이킹파우더 1g
• **총중량 289.5g**

달걀물
노른자 100g
커피 농축액 3g

HOW TO MAKE

1 믹서볼에 A와 체 친 B를 넣고 비터로 부드럽게 푼다.
2 노른자를 넣고 골고루 섞는다.
3 함께 체 친 C를 넣어 저속으로 한 덩어리가 될 때까지
   섞는다.
4 반죽을 작업대 위로 옮겨 스크레이퍼로
   프라제(fraser)한 뒤 사각형으로 만든다.

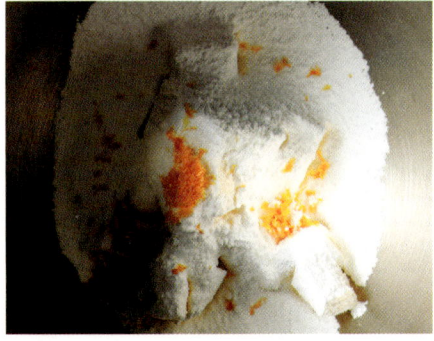
1

2

3

4

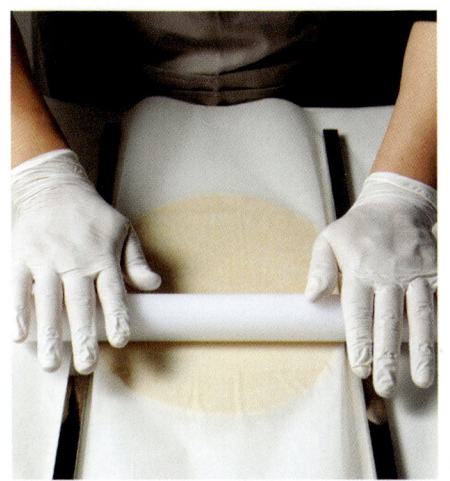

5

5 실리콘 페이퍼 사이에 반죽을 넣고 1㎝ 두께로
밀어 편 뒤 냉장고에서 30분 동안 휴지시킨다.
TIP 휴지 시간은 최소 30분에서 2일까지 가능하며
휴지시킨 뒤 스크레이퍼로 반죽 윗면을 긁어
고른다.

6 지름 6㎝ 원형 틀로 찍어 낸 뒤 윗면에 붓으로
달걀물을 바른다.
TIP 달걀물은 두 재료를 섞어서 사용한다.

7 포크로 긁어 모양을 낸 후 지름 6.5㎝ 원형
갈레트 컵에 넣는다.

8 170℃ 컨벡션 오븐에서 14~16분 동안 굽는다.

6

7

프랑스어로 '갈레트 브르톤 쇼콜라'라고 부르며 기본 갈레트 브르톤 반죽에
코코아 파우더를 더해 몽슈와 파티세리 스타일로 재해석했습니다. 한층 더
부드럽고 묵직한 식감으로 만들어 차나 커피와 함께 즐기기에 더욱 좋습니다.

Galette breton chocolat

11

초콜릿 갈레트 브르톤 | 갈레트 브르톤 쇼콜라

6개 분량

작업 순서&보관

반죽
냉장 보관 시 최대 [3일]
↓
달걀물 [당일]

반죽

버터 102g

A
미분당 41g
소금 1.5g

노른자 16g

B
코코아 파우더 20g
박력분 78g
아몬드 파우더 25g
베이킹파우더 1g

● **총중량 284.5g**

달걀물
노른자 100g
커피 농축액 3g

토핑
카카오 닙 적당량

3-1

3-2

HOW TO MAKE

1 믹서볼에 버터와 체 친 A를 넣고 비터로 부드럽게 푼다.

2 노른자를 넣고 골고루 섞는다.

3 B를 체 쳐 넣고 저속으로 한 덩어리가 될 때까지 섞는다.

4 반죽을 작업대 위로 옮겨 스크레이퍼로 프라제(fraser)한
뒤 사각형으로 만든다.

4-1

4-2

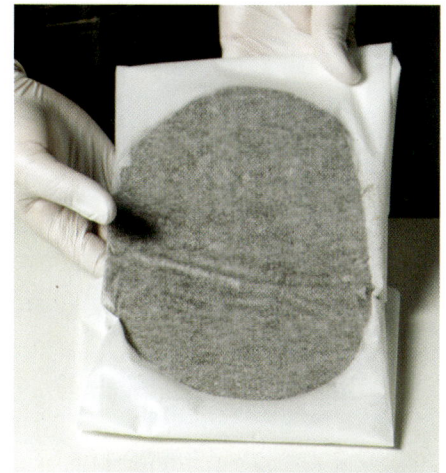

5

5 실리콘 페이퍼 사이에 반죽을 넣고 1㎝ 두께로
   밀어 편 뒤 냉장고에서 30분 동안 휴지시킨다.
   TIP 휴지는 최소 30분에서 2일까지 가능하며
   휴지시킨 뒤 스크레이퍼로 반죽 윗면을 긁어
   고른다.

6 지름 6㎝ 원형 틀로 찍어 낸 뒤 윗면에 붓으로
   달걀물을 바른다.
   TIP 달걀물은 두 재료를 섞어서 사용한다.

7 중앙에 카카오 닙을 올린 후 지름 6.5㎝ 원형
   갈레트 컵에 넣는다.

8 170℃ 컨벡션 오븐에서 14~16분 동안 굽는다.

6

7

카늘레는 프랑스의 전통 과자 중 하나입니다. 와인으로 유명한 보르도 지역에서 처음 만든 디저트로, 그 이름은 '세로로 홈이 파인, 주름 잡힌'이라는 뜻의 프랑스어 cannelé(카늘레)에서 유래했다고 전해집니다. 동틀을 사용하고 밀랍으로 코팅해 겉은 더욱 바삭하고 속은 촉촉하게 만들었습니다.

Cannelé

12

카늘레

4개 분량

작업 순서&보관

반죽
냉장 보관 시 최대 3일

STEP 1

반죽

A
우유 143g
바닐라 빈 0.3개
버터 13g

설탕 67g

B
달걀 15g
노른자 10g
소금 0.5g

C
박력분 31g
강력분 4g

럼 5g
→ 네그리타 오리지널

• **총중량 288.8g**

2

3

4

HOW TO MAKE

1 냄비에 A와 설탕의 일부를 넣고 약 60℃까지 가열한다.

2 볼에 B와 남은 설탕을 넣고 가볍게 섞는다.

3 **2**에 **1**의 일부를 넣고 섞는다.

4 함께 체 친 C를 넣고 섞는다.

5 남은 **1**을 넣어 섞은 뒤 랩을 밀착시켜 냉장고에서 하루
동안(약 24시간) 휴지시킨다.

1

5

6

6 휴지시킨 반죽을 바닥부터 긁어 골고루 섞은 후 럼을 넣고 섞는다.

7 오븐에 넣어 100℃ 이상으로 데운 지름 5.5㎝ 카늘레 틀에 녹인 밀랍을 부었다가 바로 쏟아 내고 틀을 뒤집어 굳혀 얇게 코팅한다.

TIP 틀의 온도가 100℃보다 낮으면 밀랍이 두껍게 코팅된다.

8 체에 거른 반죽을 틀의 약 85%까지 넣는다.

TIP 옮기기 쉽도록 오븐과 가까운 곳에서 작업한다.

9 200℃ 컨벡션 오븐에서 20분 동안 구운 뒤 온도를 185℃로 낮춰 35분 정도 더 굽고 틀에서 빼 구움색을 확인한 다음 오븐에서 꺼낸다.

TIP 윗면에 원하는 만큼 구움색이 나지 않았다면 틀에서 뺀 뒤 더 구워 색을 낸다.

7-1

7-2

8

7-3

9

프랑스식 쿠키는 아니지만 프랑스어로 말하자면 '쿠키 오 쇼콜라 아메리캉' 입니다. 박력분 대신 중력분을 사용해 일명 겉바속촉(겉은 바삭하고 속은 촉촉) 미국식 쿠키 레시피를 만들었습니다. 큼직하게 넣은 초콜릿 칩과 아몬드로 인해 달콤함과 고소한 풍미를 느낄 수 있습니다.

Cookie au chocolat américain

13

아메리칸 초콜릿 쿠키 | 쿠키 오 쇼콜라 아메리캉

10개 분량

작업 순서&보관

반죽
냉장 보관 시 최대 7일

STEP 1

반죽

버터 120g

A
황설탕 116g
소금 2g

달걀 48g

B
중력분 205g
베이킹파우더 3g
베이킹 소다 2g

C
초콜릿 칩 80g
→ 칼리바우트 2815 다크(57.9%)
구운 아몬드 조각 72g

토핑
초콜릿 칩 적당량
아몬드 30개

• **총중량 648g**

HOW TO MAKE

1 믹서볼에 버터와 A를 넣고 비터를 이용해
약 70% 정도 크림화한다.
2 달걀을 여러 번 나누어 넣으며 유화시킨다.
3 B를 체 쳐 넣고 섞는다.
4 약 80% 정도 섞였을 때 C를 넣고 저속으로
한 덩어리가 될 때까지 섞는다.
 TIP 구운 아몬드 조각은 아몬드를 160℃ 컨벡션
오븐에서 10분 정도 구운 뒤 부수어 사용한다.

5 64g씩 분할한 뒤 둥글리기해 살짝 누르고 냉장고에 10분 동안 보관한다.

6 베이킹팬에 놓고 다시 한번 납작한 원형이 되도록 누른 뒤 토핑용 초콜릿 칩과 아몬드를 올린다.

7 170℃ 컨벡션 오븐에서 6~7분 동안 구워 쿠키가 60% 정도 익었을 때 꺼낸 다음 원형 쿠키 틀로 모양을 둥글게 가다듬는다.

8 다시 170℃ 컨벡션 오븐에 넣어 2~4분 동안 구운 뒤 식힌다.

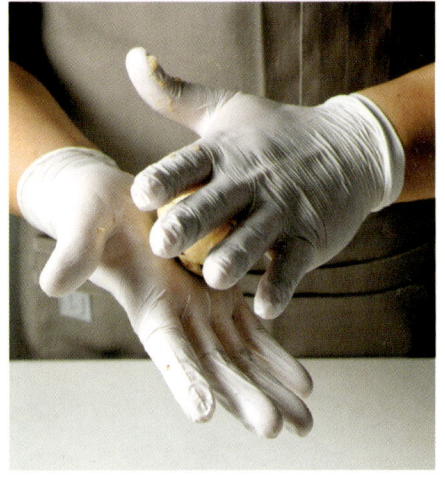

피칸 브라우니는 프랑스식이라고 보기는 어렵고 미국식에 가까운 제품입니다. 진한 초콜릿 맛과 꾸덕한 식감의 브라우니 윗면에 구운 피칸을 올려 고소한 맛을 더하고 혼자서도 부담 없이 먹을 수 있도록 작은 크기로 만들었습니다.

Brownie noix de pécan

14

피칸 브라우니 | 브라우니 누아 드 페컹

약 9개 분량

작업 순서&보관

반죽
냉장 보관 시 최대 3일

STEP 1

반죽

달걀 56g

A
설탕 48g
소금 1g

버터 56g

B
다크초콜릿 85g
컴파운드 초코칩 42g

C
중력분 30g
코코아 파우더 10g

구운 피칸 분태 22g
• **총중량 350g**

녹인 버터 적당량
마스코바도 **적당량**
토핑용 피칸 반태 18개

HOW TO MAKE

1 볼에 달걀과 A를 넣어 섞는다.

2 버터를 55℃까지 녹인 뒤 B를 넣어 녹인다.

   TIP 컴파운드 초코칩에는 코코넛 오일 성분이 함유되어
있어 브라우니에 넣으면 촉촉함을 높일 수 있고
상대적으로 저렴하기 때문에 단가를 낮출 수 있다.

3 1에 2를 넣어 섞은 뒤 C를 체 쳐 넣고 섞는다.

   TIP 버터 반죽을 밀가루보다 먼저 넣으면 글루텐이
잡히지 않아 더 촉촉하게 만들 수 있다.

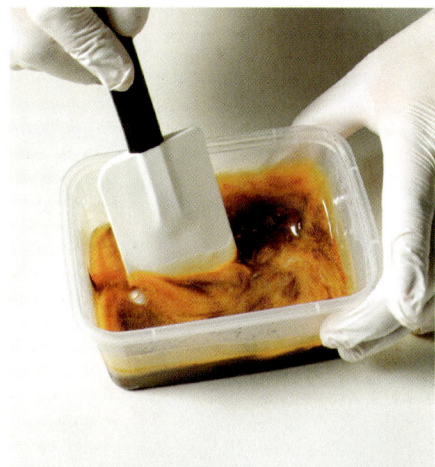

4

5

6

7

4 구운 피칸 분태를 넣어 섞은 뒤 실온에서
　　10~15분 동안 휴지시키고 짤주머니에 담는다.

5 긴지름 7㎝, 짧은지름 4.4㎝, 높이 1.9㎝
　　오발 틀에 녹인 버터를 칠하고 마스코바도를
　　붙인다.

6 반죽을 약 38g씩 짜 넣고 피칸 반태를 2개씩
　　올린다.

7 170℃ 컨벡션 오븐에서 10~11분 동안 굽고
　　틀째로 완전히 식힌다.

프랑스어로 '쿠키 사블레'라고 합니다. 가장자리에 붙어 있는 설탕이 구운 후에도 반짝반짝 빛나 마치 다이아몬드(프랑스어로 디아망, diamant) 같다고 하여 '디아망'이라고도 불립니다. 똑같은 배합의 반죽에 하나는 오렌지 제스트, 나머지는 초콜릿과 아몬드 슬라이스를 더해 두 가지 제품을 만들었습니다.

Cookie sablé 2type

15

사블레 쿠키 2종

오랑주 디아망 약 25개 분량 / 아망드 쇼콜라 디아망 약 30개 분량

작업 순서&보관

반죽
냉동 보관 시 최대 15일

STEP 1

오랑주 디아망 반죽

A
버터(실온) 57g
오렌지 제스트 1g

B
미분당 30g
소금 0.5g

노른자 13g

C
아몬드 파우더 12g
박력분 75g

• **총중량 188.5g**

HOW TO MAKE

1 믹서볼에 A와 B를 넣고 저속으로 믹싱한다.
2 노른자를 나누어 넣으면서 믹싱한다.
3 C를 체 쳐 넣고 섞는다.

STEP 2

아망드 쇼콜라 디아망 반죽

버터(실온) 57g

A
미분당 30g
소금 0.5g

노른자 13g

B
아몬드 파우더 12g
박력분 75g

C
초콜릿 분태 10g
아몬드 슬라이스 9g

• **총중량 206.5g**

HOW TO MAKE

1 믹서볼에 버터와 A를 넣고 저속으로 믹싱한다.
2 노른자를 나누어 넣으면서 믹싱한다.
3 B를 체 쳐 넣고 섞는다.
   TIP 오랑주 디아망 반죽에 오렌지 제스트를 넣지 않는다면
   1~3까지의 공정과 재료가 동일하기 때문에 2배합으로 반죽을
   한 뒤 반으로 나누어 사용해도 된다.
4 C를 넣고 부드럽게 섞는다.

STEP 3

마무리

노른자 적당량

HOW TO MAKE

1 각각의 반죽을 손으로 굴려서 약 25㎝ 길이의 원통형으로
성형한 뒤 유산지로 감싸고 냉장고에서 30~60분 동안
보관한다.
　TIP 냉장고에 넣는 이유는 단단하게 굳히기 위함이며 냉동고에
넣으면 최대 15일까지 보관 가능하다.

2 반죽 표면에 노른자를 얇게 바른 후 설탕에 굴려 묻힌다.

3 1㎝ 두께로 자른 후 베이킹팬에 팬닝한다.

4 170℃ 컨벡션 오븐에서 12~15분 동안 굽는다.

1

2

3

생크림을 사용해 영국식 단단한 스콘보다 조금 더 부드럽고 버터의 풍미 또한 진하게 느껴지는 스콘을 만들었습니다. 프랑스에서도 즐겨 먹는 스타일의 스콘으로 프랑스어로 '스콘 크렘 프레슈'라 부릅니다. 퍽퍽한 식감보다 촉촉함을 더 즐기는 우리나라의 대중적인 입맛에도 잘 맞습니다.

Scone crème fraîche

16

생크림 스콘 | 스콘 크렘 프레슈

7개 분량

작업 순서&보관

반죽
냉동 보관 시 최대 5일

반죽

버터 120g

A(냉장 또는 냉동 보관)
중력분 106g
박력분 145g
베이킹파우더 5g
미분당 95g

B
소금 2g
생크림 70g
달걀 42g

• **총중량 585g**

토핑
생크림 적당량
미분당 적당량
펄솔트 적당량

HOW TO MAKE

1 믹서볼에 버터와 체 친 A를 넣고 비터로
   사블라주한다.
   TIP 모두 차가운 상태로 준비한다.
2 B를 섞어 소금을 녹인 후 **1**에 넣고 섞는다.
3 반죽이 한 덩어리로 뭉쳐지면 반죽을 작업대로
   옮겨 80g씩 분할한다.

1

2

3-1

3-2

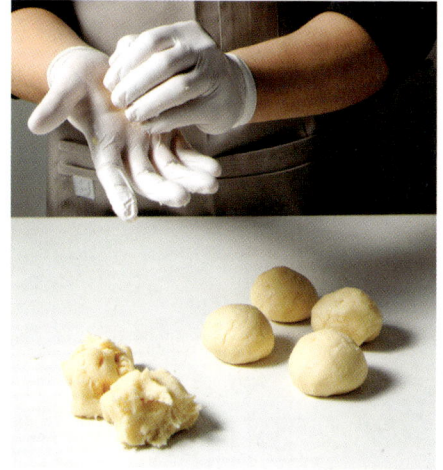

4

4 둥글리기 한 뒤 냉장고에서 20분 동안
휴지시킨다.

5 베이킹팬에 팬닝한 뒤 윗면을 살짝 누르고
생크림을 바른 뒤 미분당, 펄솔트를 차례대로
뿌린다.

6 170℃ 컨벡션 오븐에서 15~17분 동안
굽는다.

5

파트 사블레 반죽을 얇게 밀어 펴 만든 쿠키 사이에 다크초콜릿으로 만든 가나슈를 넣은 샌드 쿠키입니다. 프랑스어로는 포개었다는 의미의 단어를 사용해 '쿠키 시페르포제'라 부릅니다. 다크초콜릿 가나슈 대신 다른 크림, 잼 등을 활용하면 다양한 제품으로 변주를 줄 수 있습니다.

Cookie superposé

17

샌드 쿠키 | 쿠키 시페르포제

10개 분량

작업 순서&보관

파트 사블레
냉동 보관 시 최대 5일
↓
가나슈 누아
냉장 보관 시 최대 4일

파트 사블레

버터 55g

A
박력분 123g
아몬드 파우더 3g
미분당 45g

B
달걀 30g
소금 1g
• **총중량 257g**

HOW TO MAKE

1 믹서볼에 버터와 함께 체 친 A를 넣고 비터로
  사블라주한다.
2 B를 섞어 소금을 녹인 뒤 **1**에 넣고 섞는다.
3 한 덩어리가 된 반죽을 프라제한다.
4 실리콘 페이퍼 두 장 사이에 반죽을 넣고 2㎜
  두께로 밀어 편다.
5 냉장고 또는 냉동고에서 20분~24시간 동안
  휴지시킨다.
6 지름 6㎝ 꽃모양 쿠키커터를 사용해 찍어 낸다.
7 베이킹팬에 타공 매트를 깔고 **6**을 놓은 뒤 그 위에
  다시 타공 매트를 올린다.
8 165℃ 컨벡션 오븐에서 12~16분 동안 굽고
  식힌다.

3

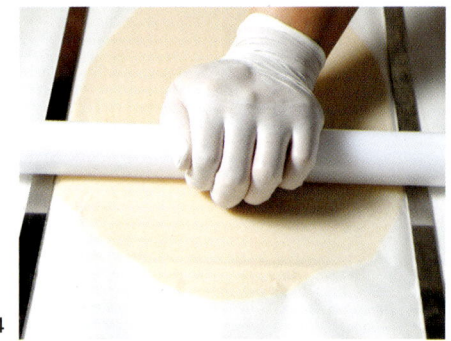
4

6

7

2

가나슈 누아 &마무리

A
생크림 85g
트리몰린 6g

B
다크초콜릿 105g
→ 발로나 에콰토리얼 누아(55%)
버터 8g

• **총중량 204g**

HOW TO MAKE

1 A를 약 70℃가 될 때까지 가열한다.

2 계량컵에 B를 넣고 **1**을 부어 핸드블렌더로 유화시킨다.

3 볼에 옮겨 랩을 밀착시킨 뒤 실온에서 식힌다.

마무리

4 지름 1.2㎝ 원형 깍지(805번)를 끼운 짤주머니에 가나슈 누아를 담아 파트 사블레 한쪽 면에 약 10g을 짠다.

5 남은 사블레를 덮고 살짝 눌러 붙인 뒤 냉장고에 약 30분 동안 보관한다.

2

3

4

5

프랑스어로는 '플로랑탱 아망드'라 부릅니다. 이탈리아 피렌체(영어로 플로렌스)에서 유래된 구움과자로 피렌체에서 아몬드를 즐겨 먹어 탄생한 제품이라는 이야기가 전해집니다. 갈레트 브르통과 동일한 반죽으로 만든 쿠키 위에 아몬드 슬라이스를 듬뿍 넣은 카라멜을 올려 달콤하면서도 고소합니다.

Florantin amande

18

아몬드 플로랑탱 | 플로랑탱 아망드

13㎝ 정사각형 1판 분량(6.5㎝ 정사각형 4개 분량)

작업 순서&보관

반죽
냉장 보관 시 최대 3일
↓
카라멜 오 아망드
실온 보관 시 최대 3일

브르통 반죽

버터 33g

A
미분당 13g
소금 0.4g

노른자 6g

B
박력분 35g
아몬드 파우더 7g
베이킹파우더 0.3g
• **총중량 94.7g**

HOW TO MAKE

1 볼에 버터와 체 친 A를 넣고 섞는다.
2 노른자를 넣고 섞는다.
3 B를 체 쳐 넣고 저속으로 섞는다.
4 한 덩어리로 뭉친 뒤 프라제하고 사각형으로 만든다.
5 실리콘 페이퍼 두 장 사이에 반죽을 넣고 5㎜ 두께로 밀어 편 뒤 냉장고에서 30분 동안 휴지시킨다.
6 13㎝ 정사각형 틀 크기에 맞게 잘라 유산지를 깐 틀에 넣는다.
7 170℃ 컨벡션 오븐에서 약 8분 동안 굽는다.

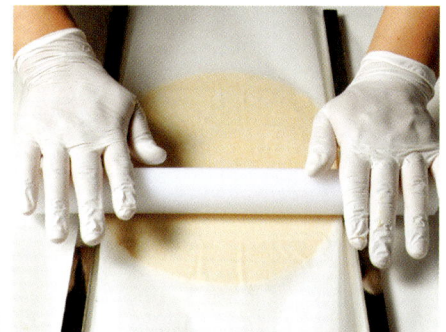

카라멜
오 아망드

생크림 42g
물엿 19g
꿀 12g
설탕 42g
소금 0.7g
버터 28g
아몬드 슬라이스 55g

• **총중량 198.7g**

HOW TO MAKE

1 냄비에 아몬드 슬라이스를 제외한 모든 재료를 넣고
122~123℃가 될 때까지 가열한다.

2 불에서 내린 후 아몬드 슬라이스를 넣고 빠르게 섞는다.

마무리

3 브르통 반죽 위에 캐러멜 아몬드를 균일하게 펼쳐 넣는다.

4 170℃ 컨벡션 오븐에서 17~20분 동안 구움색을 확인하며
구운 후 틀에서 빼고 원하는 크기로 바로 자른다.

TIP 구운 뒤 온기가 있을 때 바로 잘라야 깔끔하게 자를 수 있다.

마카롱은 16세기 카트린 드 메디시스가 결혼하면서 함께 데리고 간 이탈리아 셰프에 의해 전해졌다고 합니다. 그래서 이탈리아가 원조라는 말도 있지만 지금은 프랑스의 대표적인 과자로 알려져 있지요. 수많은 조합이 있지만 여기서는 민트 향을 더한 크림과 다크 초콜릿 가나슈를 조합해 만든 민트 초코 마카롱을 소개합니다.

Macaron chocolat manthe

19

민트 초코 마카롱 | 마카롱 쇼콜라 멍트

60개 분량

작업 순서&보관

크렘 민트
냉장 보관 시 최대 [3일]

마카롱 코크
구운 후 냉동 보관 시 최대 [5일]

가나슈 쇼콜라
냉장 보관 시 최대 [4일]

크렘 민트

A
생크림 202g
페퍼민트 찻잎 4g

다진 페퍼민트 1.5g

B
설탕 45g
옥수수 전분 9g

C
버터 37g
화이트초콜릿 120g
민트 리큐르 4.5g
● **총중량 423g**

HOW TO MAKE

1 냄비에 A를 넣고 가열한 뒤 랩을 덮어 10분 동안
   향을 우린다.
2 페퍼민트 찻잎을 건진 다음 다진 페퍼민트와
   B를 넣고 잘 섞은 뒤 약불로 저으면서 85℃까지
   가열한다.
3 불에서 내려 약 50℃까지 식힌다.
4 계량컵에 C와 체에 거른 **3**을 넣어 유화시킨다.
5 볼에 옮긴 뒤 랩을 밀착시켜 냉장고에서 최소
   6시간 이상 숙성시킨다.

2

3

4

5

1

STEP 2

마카롱 코크

흰자 165g
설탕 165g

A
아몬드 파우더 198g
미분당 198g

식용 색소(초콜릿색, 민트색) 1g
• **총중량 727g**

HOW TO MAKE

1 믹서볼에 흰자와 설탕을 넣고 중속으로 휘핑해 단단한
   머랭을 만든다.
   TIP 설탕을 완벽하게 녹이고 단단한 머랭을 만들기 위해
   설탕을 한 번에 넣고 휘핑한다. 마지막에 덩어리가 없도록
   손으로 저어 정리한다.

2 A를 체 쳐 넣고 비터로 저속으로 믹싱해 마카로나주한다.

3 볼에 반죽의 반을 덜어낸 후 양쪽 반죽에 각각 초콜릿색과
   민트색 식용 색소를 섞어 색을 낸다.

4 볼에 두 반죽을 반씩 나누어 넣고 한 번 저어 섞은 뒤 지름
   1.2cm 원형 깍지(805)를 낀 짤주머니에 그대로 담는다.

5 테프론 시트를 깐 베이킹팬에 반죽을 지름 3.5㎝ 원형으로
짠다.

6 베이킹팬 아래쪽을 쳐 윗면을 평평하게 만든 뒤 실온에서
약 20~30분 동안 말린다.

7 150℃ 컨벡션 오븐에서 5분 동안 구운 뒤 팬의 앞뒤를 돌려
5분 더 굽는다.

5

6

STEP 3

가나슈 쇼콜라

A
생크림 100g
트리몰린 7g

B
다크초콜릿 119g
→ 발로나 에콰토리얼(55%)

버터 11g
카카오버터 2g
• **총중량 239g**

HOW TO MAKE

1 냄비에 A를 넣고 약 70℃가 될 때까지 가열한다.

2 계량컵에 B와 **1**을 넣어 핸드블렌더로 유화시키고 볼에
옮겨 랩을 밀착시킨다.

3 실온에서 식혀 적정한 되기가 되면 지름 1㎝ 원형
깍지(804)를 낀 짤주머니에 담는다.

2

STEP 4

몽타주

/
HOW TO MAKE

1 식힌 마카롱 코크를 비슷한 크기와 모양끼리 짝을 맞춘 뒤 하나씩 뒤집어 놓는다.
2 뒤집어 놓은 마카롱 중앙에 가나슈 쇼콜라를 짠다.
3 별모양 깍지를 끼운 짤주머니에 크렘 민트를 담아 가나슈 쇼콜라를 중심으로 한 바퀴 돌려 짠 뒤 남은 마카롱 코크 한쪽을 덮는다.
4 냉장고에서 최소 2시간 동안 숙성시킨다.

2

3-1

3-2

기본 마카롱 코크 반죽에 코코아 파우더를 넣고 블랙 코코아 파우더를 뿌려 마카롱 코크를 구웠습니다. 여기에 카카오 함량 70% 다크초콜릿과 카카오 매스로 만든 가나슈, 부드럽고 달콤 쌉싸래한 카라멜 무를 조합해 마냥 달콤하지만은 않은 진한 초콜릿 풍미의 초콜릿 캐러멜 마카롱을 만들었습니다.

Macaron chocolat caramel

20

초콜릿 캐러멜 마카롱 | 마카롱 쇼콜라 카라멜

60개 분량

작업 순서&보관

마카롱 코크
구운 후 냉동 보관 시 최대 5일
↓
가나슈 쇼콜라
냉장 보관 시 최대 4일
↓
카라멜 무
실온 보관 시 최대 3일

마카롱 코크

흰자 165g
설탕 165g

A
아몬드 파우더 190g
코코아 파우더 10g
미분당 198g

초콜릿색 식용 색소 1g

블랙 코코아 파우더 소량

• **총중량 729g**

HOW TO MAKE

1 믹서볼에 흰자와 설탕을 넣고 중속으로 휘핑해
  단단한 머랭을 만든다.
  TIP 설탕을 완벽하게 녹이고 단단한 머랭을 만들기
  위해 설탕을 한 번에 넣고 휘핑한다. 마지막에
  덩어리가 없도록 손으로 저어 정리한다.

2 A를 체 쳐 넣고 비터로 저속으로 믹싱해
  마카로나주한다.

3 초콜릿색 식용 색소를 넣고 섞는다.

4 지름 1.2㎝ 원형 깍지(805)를 낀 짤주머니에
  반죽을 담는다.

5 테프론 시트를 깐 베이킹팬에 지름 3.5㎝
  원형으로 짠 뒤 블랙 코코아 파우더를 살짝
  뿌린다.

2

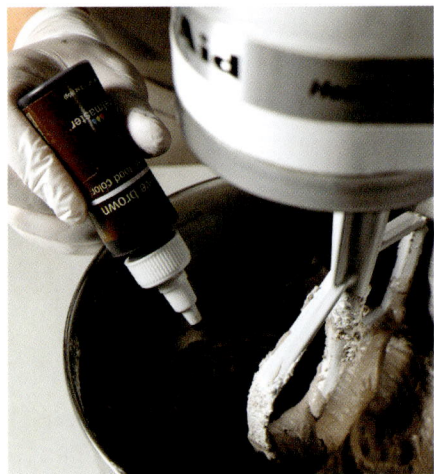

3

1

5

6 베이킹팬 아래쪽을 쳐 윗면을 평평하게
만든 뒤 실온에서 약 20~30분 동안
말린다.

7 150℃ 컨벡션 오븐에서 5분 동안 구운 뒤
팬의 앞뒤를 돌려 5분 더 굽는다.

7

STEP 2

가나슈 쇼콜라

A
생크림 300g
트리몰린 14g

B
다크초콜릿 286g
→ 발로나 과나하(70%)
카카오 매스 30g
버터 30g
● **총중량 660g**

HOW TO MAKE

1 냄비에 A를 넣고 약 70℃가 될 때까지 가열한다.

2 계량컵에 B와 **1**을 넣어 핸드블렌더로 유화시키고 볼에
옮겨 랩을 밀착시킨다.

3 실온에서 식혀 적정한 되기가 되면 지름 1.2㎝ 원형
깍지(805)를 낀 짤주머니에 담는다.

2

카라멜 무

물엿 20g
설탕 45g
생크림 124g
버터 15g
• **총중량 204g**

HOW TO MAKE

1 냄비에 물엿과 설탕을 넣고 약불로 가열해
카라멜화한다.

2 80℃ 이상으로 가열한 생크림을 여러 번 나누어
넣으며 섞는다.

3 다시 가열해 107℃가 되면 버터를 넣어 섞고
114℃까지 가열한 뒤 불에서 내린다.

4 얼음물을 받쳐 약 50℃까지 식힌 뒤 짤주머니에
담는다.

TIP 냄비 바닥의 캐러멜이 굳지 않도록 주의한다.
얼음물 위에서 50℃ 이하로 식힐 경우 캐러멜이
매끄럽지 않고 유지방이 분리될 가능성이 높다.

2

3

1

4

STEP 4

몽타주

/

HOW TO MAKE

1 구운 마카롱 코크를 비슷한 크기와 모양끼리 짝을 맞춘 뒤 하나씩 뒤집어 놓는다.
2 가나슈 쇼콜라를 뒤집어 놓은 마카롱에 한 바퀴 돌려 짠다.
3 중앙 구멍에 카라멜 무를 짜 넣은 뒤 남은 마카롱 코크 한쪽을 덮는다.
4 냉장고에서 최소 2시간 동안 숙성시킨다.

2

3

구움과자
Gâteaux Q&A

Q.01 뵈르 누아제트를 만들 때, 사용할 뵈르 누아제트 양보다 버터를 더 많이 계량하는 이유는 무엇인가요?

A. 버터는 브랜드마다, 제품마다 조금씩 차이가 있지만 보통 지방이 80~82%, 수분이 약 17~18% 함유되어 있습니다. 버터를 끓여서 만드는 뵈르 누아제트의 특성상 만들면서 버터 속에 있던 수분이 증발합니다. 따라서 줄어드는 수분의 양까지 고려해 버터를 20% 정도 더 사용해야 원하는 만큼의 뵈르 누아제트를 얻을 수 있습니다. 특히 적은 양을 만들 경우에는 반죽에 넣는 뵈르 누아제트의 양에 따라 완성 제품에도 차이가 생기기 때문에 버터를 넉넉히 사용하여 뵈르 누아제트를 만든 뒤 계량해 사용하는 편이 더 좋습니다.

Q.02 카늘레를 만들 때 쓰이는 동틀은 어떻게 관리해야 할까요?

A. 동틀은 코팅틀이나 실리콘틀에 비해 관리가 어려운 것이 사실입니다. 특히 동틀에 밀랍을 사용하면 잘 닦이지 않아 세척이 어렵지요. 이럴 때는 식초와 소금을 섞은 물에 동틀을 넣고 끓여 내부에 있는 반죽, 밀랍 등의 이물질을 불리고 녹인 뒤 다시 굳기 전에 깨끗한 천으로 빠르게 닦아 냅니다. 그런 다음 100℃ 이상으로 예열한 오븐에 넣어 다시 물기를 확실하게 말린 후 마른 행주로 한 번 더 닦아 냅니다. 이후 최대한 공기와의 접촉이 되지 않도록 밀봉해 보관합니다. 하지만 자주 사용한다면 매번 이렇게 관리하기는 힘들겠지요. 평소에는 구운 뒤 틀이 뜨거울 때 바로 마른 행주로 깨끗하게 닦은 다음 다시 사용해도 괜찮습니다. 마른 행주만으로 이물질이 잘 닦이지 않을 때 앞서 말한 방법으로 한 번씩 세척해 주세요.

Q.03 마카롱을 자주 만들다 보니 흰자만 사용하게 됩니다. 남은 노른자를 처리할 좋은 방법이 있을까요?

A. 제과에서 노른자를 활용하는 제품은 정말 많습니다. 먼저 마카롱에 많이 사용하는 크렘 오 뵈르 아 랑글레즈도 노른자를 사용해 만드는 크림입니다. 그 외에 크렘 파티시에, 에그타르트, 디아망(사블레) 쿠키, 갈레트 브르통, 카스텔라, 플랑 등 다양한 제품이 있으니 활용해 보세요.

Q.04 머랭 쿠키를 만들려고 하는데 프렌치 머랭, 스위스 머랭, 이탈리안 머랭 중 어떤 것으로 만드는 게 좋을까요?

A. 머랭 쿠키는 대부분 프렌치 머랭이나 스위스 머랭으로 만듭니다. 이탈리안 머랭은 흰자를 거품낼 때 고온의 시럽을 넣어 열을 가하기 때문에 흰자가 살균됩니다. 때문에 그대로 섭취가 가능해 주로 무스케이크, 크림 등에 활용합니다. 또한 이탈리안 머랭으로 머랭 쿠키를 만들면 식감이 다소 찐득합니다. 바삭한 식감의 머랭 쿠키를 원한다면 이탈리안 머랭보다는 프렌치 머랭이나 스위스 머랭을 추천합니다.

Q.05 완성한 카라멜에서 유분이 배어 나와 겉면에 기름기가 뜹니다. 이유가 무엇인가요?

A. 카라멜을 만들 때 카라멜화된 설탕에 온도가 너무 낮은 생크림을 넣으면 섞이기도 전에 설탕이 굳어 유화가 잘 되지 않습니다. 또 너무 뜨거운 카라멜에 버터를 넣으면 유화되기 전에 지방 성분이 뭉쳐 분리될 수 있습니다. 다른 이유가 있을 수도 있지만 이 두 가지 경우가 가장 많으니 만들 때 온도에 유의하며 만들어 보세요.

Q.06 버터크림, 무슬린 크림을 만들어 냉장고에 보관했다가 사용하기 전에 다시 휘핑했더니 크림이 분리됐습니다.

A. 지방 성분은 낮은 온도에서 잘 굳기 때문에 냉장 또는 냉동고에 보관했던 크림을 다시 휘핑하면 지방 성분과 수분이 나뉘면서 분리됩니다. 냉장 또는 냉동고에 보관했던 크림은 사용하기 전 실온에서 13~20℃로 서서히 해동시킨 뒤 휘핑하면 잘 분리되지 않습니다. 하지만 25℃ 이상이 되면 버터가 녹기 시작해 크림의 형태가 유지되기 어렵습니다. 그러므로 온도가 너무 높아지지 않도록 주의하고, 버터가 녹았다면 다시 냉장고에 보관해 차갑게 식혔다가 휘핑해 사용해 보세요.

Q.07 생크림 유통 기한이 얼마 남지 않았는데 냉동고에 보관했다가 사용해도 괜찮을까요? 냉동고에 보관해도 된다면 어떻게 사용하면 될까요?

A. 제품을 판매하는 업장이라면 당연히 유통 기한 내에 생크림을 소진해야 합니다. 생크림을 냉동했다가 해동하면 지방과 수분이 분리되기 때문에 냉동은 추천하지 않습니다. 하지만 이 질문은 홈베이킹을 하는 수강생들이 흔히 하는 질문이기 때문에 가정집에서 사용한다는 가정 하에 방법을 알려 드립니다. 생크림 양의 약 10%에 해당하는 설탕을 생크림에 넣고 함께 가열한 뒤 다시 차갑게 식히면 설탕이 수분을 흡수하면서 수분이 분리됐던 현상이 줄어듭니다. 따라서 생크림을 가열해서 사용하는 가나슈 혹은 다른 크림류에 사용할 수는 있습니다. 하지만 생크림의 상태를 살피고 위생에 각별히 주의하며 사용하세요.

TARTES

Pâte à tarte . Tarte crumble choc
Tarte aux cerises et amandes . Ta
Tarte vanille noisette . Flan de va
Tarte fromage maïs

파트 사블레 다망드
파트 사블레 쇼콜라
파트 쉬크레
파트 브리제
파트 아 퐁세

피칸 타르트
아몬드 체리 타르트
소렌토 레몬 타르트
치즈 옥수수 타르트
바닐라 플랑

살구 피스타치오 타르트
타탕 타르트
시칠리아 피스타치오 타르트
헤이즐넛 바닐라 타르트
초콜릿 크럼블 타르트

at . Tarte pécane
e tatin
lle

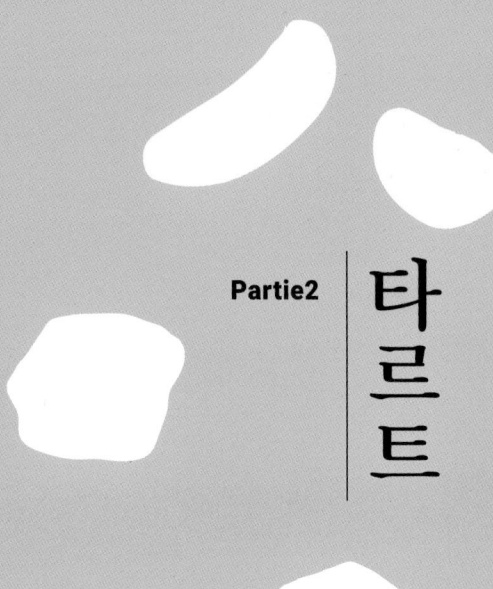

Partie2 | 타르트

Pâte à tarte 타르트 셸 반죽

PÂTE À TARTE 1

파트 사블레 8㎝ 원형 타르트 셸 7개 분량

냉동 보관 시 최대 〔5일〕

모래처럼 부서지는 식감을 가졌다고 해서 '모래'라는 뜻의
사블레로 불리는 과자입니다. 아몬드 파우더를 사용해 파트
사블레 다망드(Pâte sablé d'amande)라 부르기도 합니다.
모든 재료는 사용하기 전에 냉장고에 차가운 상태로 보관해
버터가 녹지 않도록 하는 것이 좋습니다.

버터 55g

A
박력분 128g
아몬드 파우더 3g
미분당 45g

B
달걀 30g
소금 1g

• 총중량 262g

HOW TO MAKE

1 믹서볼에 버터와 함께 체 친 A를 넣고 사블라주한다.
2 B를 섞어 소금을 녹인 뒤 **1**에 넣고 한 덩어리가
  될 때까지 섞는다.
  TIP 버터나 가루가 보일 정도로 남아 있다면
  스크레이퍼로 프라제한다. 필수는 아니다.
3 실리콘 페이퍼 두 장 사이에 반죽을 넣고 2㎜ 두께로
  밀어 편다.
4 냉장고 또는 냉동고에서 20분~24시간 동안
  휴지시킨다.

파트 사블레 쇼콜라 8cm 원형 타르트 셸 7개 분량

냉동 보관 시 최대 5일

기본 파트 사블레 배합에서 밀가루의 일부를 코코아 파우더로
대체해 만든 과자입니다. 코코아 파우더로 인해 지방 성분이
더 많아져 반죽이 잘 녹기 때문에 퐁사주할 때 주의가 필요
합니다.

1

버터 55g

A
박력분 115g
코코아 파우더 12g
아몬드 파우더 3g
미분당 45g

B
달걀 30g
소금 1g
• **총중량 261g**

2

HOW TO MAKE

1 믹서볼에 버터와 함께 체 친 A를 넣고 사블라주한다.

2 B를 섞어 소금을 녹인 뒤 **1**에 넣고 한 덩어리가
될 때까지 섞는다.
   TIP 버터나 가루가 보일 정도로 남아 있다면
   스크레이퍼로 프라제한다. 필수는 아니다.

3 실리콘 페이퍼 두 장 사이에 반죽을 넣고 2㎜ 두께로
밀어 편다.

4 냉장고 또는 냉동고에서 20분~24시간 동안
휴지시킨다.

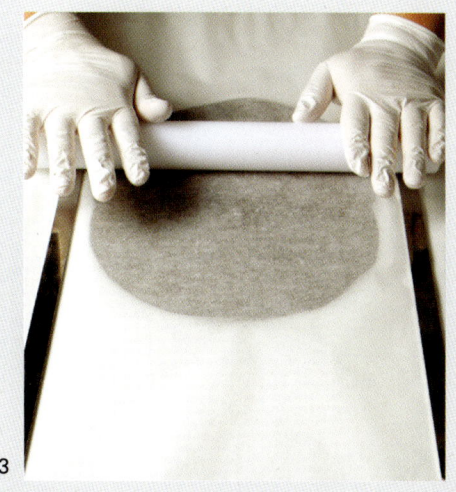

3

PÂTE À TARTE 3

파트 쉬크레 <small>8cm 원형 타르트 셸 7개 분량</small>

냉동 보관 시 최대 **5일**

쉬크레(sucré)는 프랑스어로 '달콤하다'라는 뜻입니다. 반죽에 비교적 설탕을 많이 넣어 파트 쉬크레라 부르며 버터를 크림화해서 만드는 반죽입니다. 파트 사블레에 비해 조금 더 달콤하면서 바삭한 식감을 가졌습니다.

1

버터(실온) 55g

A
미분당 50g
소금 1g

달걀 28g

B
박력분 120g
아몬드 파우더 12g

• **총중량 266g**

2

HOW TO MAKE

1 믹서볼에 부드러운 버터와 A를 넣고 비터로 믹싱해
  크림화한다.
2 달걀을 여러 번 나누어 넣으며 섞는다.
3 B를 체 쳐 넣고 한 덩어리가 될 때까지 섞는다.
  TIP 버터나 가루가 보일 정도로 남아 있다면
  스크레이퍼로 프라제한다. 필수는 아니다.
4 실리콘 페이퍼 두 장 사이에 반죽을 넣고 2~3㎜
  두께로 밀어 편다.
5 냉장고 또는 냉동고에서 20분~24시간 동안
  휴지시킨다.

3-1

3-2

PÂTE À TARTE 4

파트 브리제 10㎝ 원형 타르트 셸 3개 분량

냉동 보관 시 최대 [5일]

설탕의 양이 적어 달지 않은 반죽이며 주로 오래 굽는 제품에
사용합니다. 글루텐이 형성되기 쉬운 배합이라 모든 재료는
차가운 상태로 사용하고 냉기가 사라지면 바로 냉장고에서
휴지시키는 것이 좋습니다.

버터 125g
박력분 250g

A
소금 5g
설탕 15g
달걀 5g
우유 25g
물 15g
• **총중량 440g**

HOW TO MAKE

1 믹서볼에 버터와 박력분을 넣고 비터로 사블라주한다.

2 잘 섞은 A를 넣고 수분이 골고루 분산될 때까지 믹싱한다.

3 반죽을 작업대로 옮겨 손으로 한 덩어리가 될 때까지 뭉친
뒤 유산지로 감싸 냉동고에서 30~60분 동안 휴지시킨다.
TIP 버터나 가루가 보일 정도로 남아 있다면 스크레이퍼로
프라제한다.

4 원하는 두께로 밀어 펴 사용한다.

PÂTE À TARTE 5

파트 아 퐁세 <small>10㎝ 원형 타르트 셸 4개 분량</small>

냉동 보관 시 최대 5일

파트 브리제와 거의 흡사하지만 달걀을 넣지 않는 기본 타르트
반죽입니다. 반죽이 조금 더 하얀색을 띠며 깔끔한 맛을 낼 수
있어 비교적 타르트 셸의 맛이 부각되지 않아도 괜찮은 제품에
사용합니다.

	A
버터 50g	물 90g
중력분 226g	설탕 24g
	소금 3g
	• 총중량 393g

HOW TO MAKE

1 믹서볼에 버터와 중력분을 넣고 비터로 사블라주한다.
2 잘 섞은 A를 넣고 수분이 골고루 분산될 때까지 믹싱한다.
3 반죽을 작업대로 옮겨 손으로 한 덩어리가 될 때까지 뭉친
   뒤 유산지로 감싸 냉장 또는 냉동고에서 20~30분 동안
   휴지시킨다.
4 원하는 두께로 밀어 펴 사용한다.

2

3-1

1

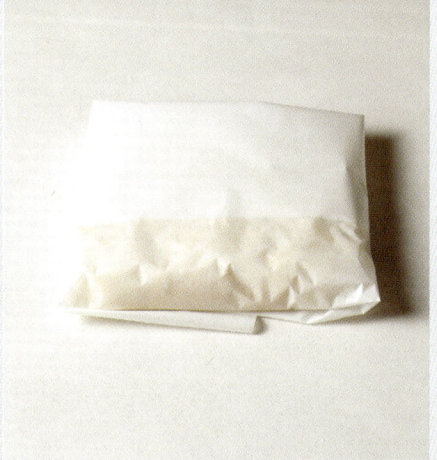

3-2

Fonçage 퐁사주

타르트 반죽을 퐁사주하는 두 가지 방법을 소개합니다. 첫 번째 방법은 옆면에 이음매가 보이지 않는 대신 비교적 바닥의 모서리가 둥글고 두 번째 방법은 모서리의 각이 확실한 대신 옆면에 이음매가 보입니다. 퐁사주할 때 내용물이 흘러나올 틈이 생기지 않도록 꼼꼼하게 작업하는 것이 중요합니다.

퐁사주 방법 ❷

HOW TO MAKE

1 틀의 바닥 크기에 맞게 자른 반죽을 넣어 바닥을 채운다.
2 옆면의 높이와 둘레보다 0.5~1㎝ 정도 더 여유 있게 자른 띠 모양 반죽을 안쪽에 두른 뒤 꼼꼼하게 밀착시킨다.
3 틀 위로 튀어나온 반죽을 칼로 잘라 정리한다.

1

2

3

퐁사주 방법 ❶

HOW TO MAKE

1 사용할 타르트 틀의 높이와 크기를 고려하여 반죽을 자른 뒤 틀의 중앙에 맞추어 반죽을 넣는다.
2 먼저 바닥을 평평하게 만들어 모서리를 고정시킨 뒤 옆면을 꼼꼼하게 밀착시킨다.

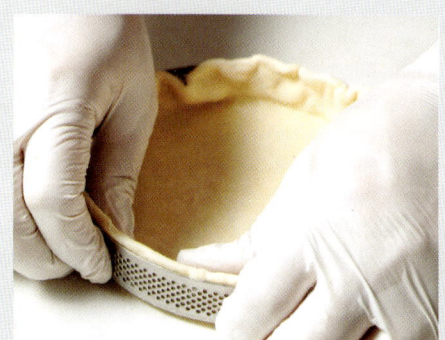

1

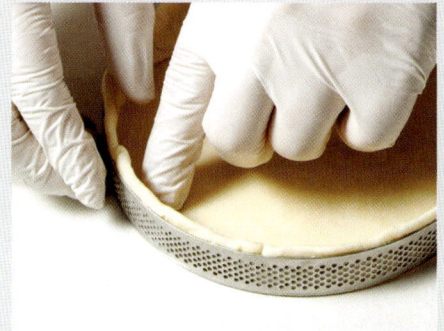

2

피칸을 가득 넣어 고소하며 메이플 시럽과 마스코바도의 은은한 달콤함을 느낄 수 있는 매력적인 피칸 타르트입니다. 파트 쉬크레로 셸을 만들어 피칸과 함께 바삭하게 씹히는 식감 또한 먹는 재미를 더합니다. 만드는 방법도 어렵지 않아 가장 기본적인 타르트라 할 수 있습니다.

Tarte
pécane

01

피칸 타르트 | 타르트 페컹

지름 15㎝ 원형 타르트 1개 분량 | 파트 쉬크레

작업 순서&보관

메이플 아파레유
냉장 보관 시 최대 3일

30보메 시럽
냉장 보관 시 최대 10일

STEP 1

메이플 아파레유

A
마스코바도 36g
물엿 25g
메이플 시럽 10g
꿀 15g
소금 1g
달걀 58g

버터 34g
- **총중량 179g**

HOW TO MAKE

1 냄비에 A를 모두 넣고 섞은 뒤 버터를 넣고 약불에서
  끓을 때까지 가열한다.
2 불에서 내려 75℃까지 식힌다.
3 윗면에 유산지를 밀착시킨 뒤 실온에서 식힌다.
  TIP 유산지를 붙이면 윗면에 뜬 찌꺼기를 제거할 수 있다.

STEP 2

30보메 시럽

물 50g
설탕 67.5g
- **총중량 117.5g**

HOW TO MAKE

1 냄비에 모든 재료를 넣고 끓을 때까지
  가열한 뒤 식힌다.

STEP 3

몽타주

파트 쉬크레 약 270g
달걀물 적당량
피칸 120g
데코스노우 적당량
식용 금박 적당량

HOW TO MAKE

1 파트 쉬크레를 3mm 두께로 밀어 편 뒤 지름 15cm 원형 주름 타르트틀에
  퐁사주한다.
2 유산지와 누름돌을 차례대로 넣어 165℃ 컨벡션 오븐에서 약 15분 동안
  굽는다.

3 누름돌과 유산지를 제거한 뒤 틀에서 빼 바닥 부분을
제외한 모든 면에 달걀물을 바르고 5분 동안 더 굽는다.
TIP 달걀물은 노른자 100g과 생크림 10g을 섞어 사용한다.

4 식힌 타르트 셸 안쪽 바닥에 피칸을 고르게 채워
넣는다.

5 메이플 아파레유를 타르트 셸의 약 90%까지 부은 뒤
피칸을 한 층 더 올린다.
TIP 피칸에 아파레유가 묻어야 타지 않는다. 아파레유가
묻지 않았다면 붓을 사용해 피칸에 아파레유를 바른다.

6 165℃ 컨벡션 오븐에서 22~25분 동안 구운 뒤
구움색을 확인해 꺼내고 뜨거울 때 윗면에 30보메
시럽을 발라 광택을 낸다.

7 데코스노우와 식용 금박으로 장식한다.

5-1

5-2

3

6

4

7

구운 파트 쉬크레 반죽에 크렘 다망드와 냉동 라즈베리를 넣고 아몬드 슬라이스를 뿌린 뒤 한 번 더 구워 내 고소함과 상큼함을 더했습니다. 여기에 화이트초콜릿과 체리 퓌레로 만든 가나슈 몽테를 올려 아몬드와 체리의 조합이 잘 어우러지는 타르트입니다. 프랑스어로는 '타르트 오 스리즈 에 아망드'라 부릅니다.

Tarte aux cerises et amandes

02

아몬드 체리 타르트 | 타르트 오 스리즈 에 아망드

지름 13㎝ 원형 타르트 2개 분량 | 파트 쉬크레

작업 순서 & 보관

체리 가나슈 몽테
냉장 보관 시 최대 3일
↓
크렘 다망드
냉장 보관 시 최대 3일

STEP 1

체리 가나슈 몽테

A
생크림 155g
체리 퓌레 65g
물엿 11g

B
화이트초콜릿 45g
젤라틴 매스 21g
• **총중량 297g**

/
HOW TO MAKE

1 냄비에 A를 넣고 약 70℃까지 가열한다.
2 계량컵에 B를 넣고 **1**을 부어 핸드블렌더로 유화시킨다.
3 볼에 옮긴 뒤 랩을 밀착시켜 냉장고에서 완전히 식힌다.

1

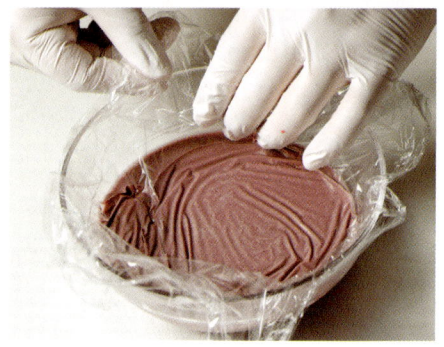
3

STEP 2

크렘 다망드

버터 40g

A
미분당 40g
아몬드 파우더 40g
박력분 7g

달걀 36g
럼 4g
→ 네그리타 오리지널
• **총중량 167g**

/
HOW TO MAKE

1 믹서볼에 버터와 A를 넣고 비터로 믹싱한다.
2 달걀을 넣어 믹싱한 뒤 믹서볼 바닥을 정리하고 다시 한번 섞어 덩어리를 없앤다.
3 럼을 넣고 섞은 뒤 짤주머니에 담는다.

1

3

몽타주

| 파트 쉬크레 **약 400g**
| 달걀물 **적당량**
| 냉동 라즈베리 **40개**
| 아몬드 슬라이스 **40g**
| 장식용 체리 **적당량**
| 데코스노우 **적당량**

4

HOW TO MAKE

1 3mm 두께로 밀어 편 파트 쉬크레를 지름 13cm 원형 주름
타르트 틀에 퐁사주한다.

2 냉동고에서 약 20분 동안 굳힌 뒤 유산지와 누름돌을
차례대로 넣어 165℃ 컨벡션 오븐에서 약 15분 동안
굽는다.

3 누름돌과 유산지를 제거한 뒤 틀에서 빼 바닥 부분을
제외한 모든 면에 달걀물을 바르고 5분 동안 더 굽는다.
TIP 달걀물은 노른자 100g과 생크림 10g을 섞어 사용한다.

4 크렘 다망드 1/2을 평평하게 짠 뒤 윗면에 냉동 라즈베리
20개를 살짝 눌러 넣는다.

5 아몬드 슬라이스 20g을 골고루 올린다.

6 165℃ 컨벡션 오븐에서 15~20분 동안 윗면과 바닥에
색이 골고루 날 때까지 굽고 식힌다.
TIP 우녹스 컨벡션 오븐 기준 바람 세기를 1단으로 줄인다.

7 윗면에 휘핑한 체리 가나슈 몽테를 조금 올려 윗면을
평평하게 만든다.

8 시폰 깍지를 낀 짤주머니에 체리 가나슈 몽테를 담아
윗면에 짠 다음 장식용 체리와 데코스노우로 장식한다.

5

7

8

프랑스어로는 '타르트 오 시트롱 소렌토'라고 하는데 이탈리아 소렌토 지방의 신선한 레몬을 떠올리며 만든 타르트입니다. 한입 베어 물면 레몬 크림(크렘 시트롱)과 레몬 젤리(즐레 시트롱)가 침샘을 자극하고 달콤한 이탈리안 머랭이 새콤함을 적당히 상쇄시켜 맛있게 즐길 수 있습니다.

Tarte au citron sorrento

03

소렌토 레몬 타르트 | 타르트 오 시트롱 소렌토

지름 15㎝ 원형 타르트 2개 분량 | 파트 사블레

작업 순서&보관

크렘 시트롱
냉장 보관 시 최대 3일
↓
즐레 시트롱
냉장 보관 시 최대 3일
↓
이탈리안 머랭
냉동 보관 시 최대 5일

STEP 1

크렘 시트롱

A
레몬즙 225g
레몬 제스트 3g

B
설탕 135g
옥수수 전분 19.5g

달걀 105g

C
버터 37.5g
젤라틴 매스 16.5g
• **총중량** 541.5g

HOW TO MAKE

1 냄비에 A, B, 달걀을 넣고 섞는다.

2 중불에 올려 저으면서 85℃ 이상으로 충분히
호화될 때까지 가열한다.

3 불에서 내려 C를 넣고 섞은 뒤 짤주머니에
담는다.
TIP 크림의 양이 1㎏ 이상일 때는 A를 따로
가열하고 B와 달걀을 함께 섞은 뒤 가열한 A에
넣고 섞어 재가열하는 순서로 작업한다.

1

2

3

즐레 시트롱

A
레몬즙 60g
물 10g

B
설탕 27.5g
아가아가 2g

• **총중량 99.5g**

HOW TO MAKE

1 냄비에 모든 재료를 넣고 섞은 뒤 중불에서 저으면서 90℃까지 가열한다.

2 17×13㎝ 크기의 트레이에 붓고 랩을 밀착시킨 뒤 굳힌다.

3 1/3은 약 1.5㎝ 크기의 주사위 모양으로 자르고 남은 즐레는 핸드블렌더로 부드럽게 갈아 짤주머니에 담는다.

1

2

3-1

3-2

STEP 3

이탈리안 머랭

물 58g
설탕 135g
흰자 70g
레몬즙 2g
• **총중량** 265g

HOW TO MAKE

1 냄비에 물과 설탕을 넣어 약불로 가열한다.

2 시럽의 온도가 114~115℃가 되면 믹서볼에 흰자와
레몬즙을 넣고 고속으로 휘핑한다.

3 118℃까지 가열한 시럽을 믹서볼 벽면에 흘려
넣으며 고속으로 휘핑한다.

4 약 40℃로 식으면 중속으로 속도를 낮춰 휘핑한다.
TIP 사용하기 전에 덩어리가 있다면 주걱으로 풀어
사용한다.

2

3

1

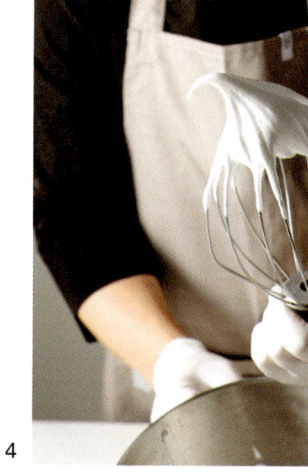

4

STEP 4

몽타주

파트 사블레 **약 400g**
달걀물 **적당량**
말린 레몬 조각 **적당량**
초콜릿 장식물 **적당량**

4

HOW TO MAKE

1 2㎜ 두께로 밀어 편 파트 사블레를 지름 15㎝
원형 타공틀에 퐁사주한다.

2 160℃ 컨벡션 오븐에서 15분 동안 구운 뒤
틀에서 뺀다.

3 바닥 부분을 제외한 안쪽과 겉면에 달걀물을 얇게
바른 뒤 160℃ 컨벡션 오븐에서 약 8분 동안
굽는다.
TIP 달걀물은 노른자 100g과 생크림 10g을 섞어
사용한다.

5

4 완전히 식힌 뒤 안쪽 바닥에 간 즐레 시트롱을
얇게 펴 바른다.

5 크렘 시트롱을 채운 뒤 윗면을 평평하게 만들어
냉장고에서 10분 동안 굳힌다.

6 지름 1.2㎝ 원형 깍지(805)와 지름 0.9㎝ 원형
깍지(803)를 낀 짤주머니에 이탈리안 머랭을
담아 물방울 모양으로 군데군데 짠다.

6

7 말린 레몬 조각, 주사위 모양으로 자른 즐레
시트롱, 초콜릿 장식물로 장식한다.

7

프랑스어로 치즈는 프로마주, 옥수수는 마이스입니다. 그래서 프랑스어 이름은 '타르트 프로마주 마이스'입니다. 그러나 파다노의 쿰쿰한 향과 짭조름한 맛, 톡톡 터지는 구운 옥수수의 식감과 고소함, 아파레유의 달콤함이 조화를 이루는 타르트입니다. 타르트 셸은 깔끔한 맛의 파트 아 퐁세를 사용해 바삭함을 더하고 치즈와 옥수수 맛이 조금 더 돋보이도록 했습니다.

Tarte fromage maïs

04

치즈 옥수수 타르트 ｜ 타르트 프로마주 마이스

지름 15㎝ 원형 타르트 2개 분량 ｜ 파트 아 퐁세

작업 순서&보관

아파레유 프로마주
냉장 보관 시 최대 (3일)
↓
옥수수 전처리
냉장 보관 시 최대 (5일)

STEP 1

아파레유 프로마주

A
생크림 50g
크림치즈 150g

B
설탕 60g
소금 1g

C
옥수수 전분 5g
중력분 25g

노른자 75g
• **총중량 366g**

3-1

HOW TO MAKE

1 볼에 A를 넣고 부드럽게 푼 다음 B를 넣어 섞는다.
2 C를 체 쳐 넣고 주걱으로 섞는다.
3 노른자를 넣고 섞은 뒤 체에 걸러 덩어리를 제거한다.
4 랩을 밀착시켜 냉장고에서 30분 동안 휴지시킨다.

3-2

2

STEP 2

옥수수 전처리

캔 옥수수 70g
설탕 7g
• **총중량 77g**

HOW TO MAKE

1 물기를 제거한 캔 옥수수를 베이킹팬에 펼쳐
넣고 160℃ 컨벡션 오븐에서 12~13분 동안
구워 수분을 제거한다.
2 설탕과 버무린 뒤 160℃ 컨벡션 오븐에서 다시
한번 5분 정도 구워 수분을 날리고 식힌다.

2

몽타주

파트 아 퐁세 **약 450g**
그라나 파다노 **적당량**
캔 옥수수 **적당량**

HOW TO MAKE

1 2.5㎜ 두께로 밀어 편 파트 아 퐁세를 약 지름 19㎝
   원형으로 잘라 지름 15㎝, 높이 2㎝ 원형 타공틀에
   퐁사주한 뒤 냉동고에서 15분 동안 굳힌다.
   TIP 틀 위로 올라온 타르트 셸 반죽을 잘라 내지 않고
   그대로 사용한다.

2 유산지와 누름돌을 차례대로 넣은 뒤 170℃ 컨벡션
   오븐에서 약 20분 동안 굽는다.

3 누름돌과 유산지를 제거한 뒤 식히고 틀에서 뺀다.

4 전처리한 옥수수를 반으로 나누어 골고루 뿌린다.

5 아파레유 프로마주를 반씩 나누어 넣는다.

6 윗면에 그라나 파다노를 갈아 뿌린다.

7 170℃ 컨벡션 오븐에서 10~15분 동안 구우면서
   윗면의 구움색을 보고 꺼낸다.

8 윗면에 토치로 그을린 캔 옥수수와 그라나 파다노를
   다시 한번 뿌린다.

4

5

6

1

7

프랑스어로 '플랑 드 바니이'라 불리는 이 타르트는 프랑스에서 오후의 간식 시간을 의미하는 구테(goûter)에 먹는 가장 대표적인 디저트입니다. 모양이 다소 투박해 보일 수도 있지만 프랑스식으로 푸짐하고 먹음직스럽게 보이도록 하고, 맛 또한 프랑스 유학 시절에 먹었던 플랑에 가깝게 구현해 보았습니다.

Flan de vanille

05

바닐라 플랑 | 플랑 드 바니이

지름 19㎝ 원형 1개 분량 | 파트 브리제

작업 순서&보관

크렘 파티시에 바니이
냉장 보관 시 최대 3일

크렘 파티시에 바니이

A
우유 800g
바닐라 빈 1개

설탕 165g
노른자 128g
옥수수 전분 57g
버터 80g
• **총중량 1231g**

HOW TO MAKE

1 냄비에 A와 약간의 설탕을 넣고 가열해 약 10분 동안
  향을 우린다.
2 볼에 노른자, 옥수수 전분, 남은 설탕을 넣고 색이
  밝아질 때까지 휘핑한 뒤 **1**을 부어 섞는다.
3 체에 걸러 다시 냄비에 넣고 반죽이 충분히 호화
  될 때(약 85℃)까지 거품기로 저으면서 가열한다.
4 불에서 내려 버터를 넣고 섞는다.
  <u>TIP</u> 양이 많기 때문에 핸드블렌더를 사용하면 골고루
  섞을 수 있다.
5 볼에 옮겨 담고 랩을 밀착시켜 약 30℃까지 식힌다.

2

3

4

5

1

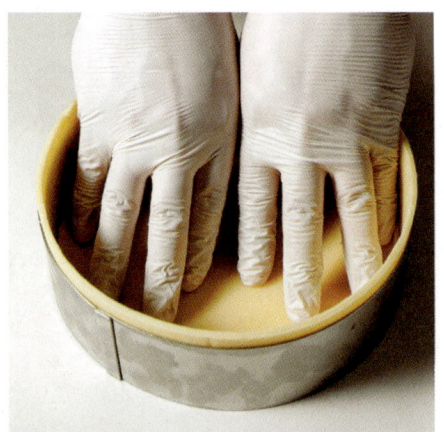

2

3

4

6

몽타주

파트 브리제 **약 330g**
미루아르 **적당량**

HOW TO MAKE

1 3mm 두께로 밀어 편 파트 브리제를 지름 19cm 원형과 폭 6cm,
   길이 60cm 이상의 띠 모양으로 자른다.

2 지름 19cm, 높이 5cm 원형 무스케이크 틀 안쪽에 띠 모양
   반죽을 먼저 두른 뒤 원형으로 자른 반죽을 넣고 틈이
   벌어지지 않도록 잘 이어 붙인다.

3 위로 올라온 반죽을 바깥쪽으로 둥글게 말고 집게 등으로
   모양을 낸 뒤 냉동고에서 약 15분 동안 굳힌다.

4 유산지와 누름돌(쌀)을 차례대로 넣고 170℃ 컨벡션 오븐에서
   약 20분 동안 굽는다.

5 누름돌과 유산지를 제거한 뒤 식힌다.

6 부드럽게 푼 크렘 파티시에 바니이를 넣은 뒤 윗면을 평평하게
   정리한다.

7 냉장고에서 최소 1시간, 최대 3시간 동안 윗면에 껍질이 생길
   때까지 보관한다.

8 180℃ 컨벡션 오븐에서 25~40분 동안 구우면서 윗면의
   구움색을 확인해 꺼낸다.

9 윗면에 미루아르를 발라 코팅하고 충분히 식힌 뒤 틀에서 뺀다.
   TIP 충분히 식히지 않고 틀에서 빼면 제품이 손상될 수 있다.

9

크렘 다망드와 크렘 가나슈 몽테에 모두 피스타치오 페이스트를 넣어 고소한 맛을 더하고 건살구를 가득 올려 살구의 새콤달콤한 맛까지 느낄 수 있는 살구 피스타치오 타르트입니다. 프랑스어로는 '타르트 오 아브리코 피스타슈'라 부르며 피스타치오 페이스트를 직접 만들어 사용하면 더욱 풍미가 좋은 타르트를 만들 수 있습니다.

Tarte aux abricots pistaches

06

살구 피스타치오 타르트 | 타르트 오 아브리코 피스타슈

지름 15㎝ 원형 타르트 1개 분량 | 파트 쉬크레

작업 순서&보관

크렘 다망드 피스타슈
냉장 보관 시 최대 [3일]
↓
크렘 가나슈 몽테 피스타슈
냉장 보관 시 최대 [5일]

157

STEP 1

크렘 다망드 피스타슈

버터(실온) 35g

A
미분당 35g
아몬드 파우더 15g
피스타치오 파우더 20g
박력분 12g

피스타치오 페이스트 35g
달걀 31g
• **총중량 183g**

HOW TO MAKE

1 믹서볼에 버터와 A를 넣고 비터로 믹싱한다.
   TIP 피스타치오 파우더는 160℃ 컨벡션 오븐에서 10분 동안 구운 피스타치오를 갈아 사용했다.

2 피스타치오 페이스트를 넣고 믹싱한다.

3 달걀을 넣고 믹싱한 뒤 바닥을 정리해 다시 한번 섞어 덩어리를 없애고 짤주머니에 담는다.

1

3

STEP 2

크렘 가나슈 몽테 피스타슈

A
생크림 63g
트리몰린 3.5g

B
화이트초콜릿 19g
피스타치오 페이스트 17.5g
젤라틴 매스 7g
• **총중량 110g**

HOW TO MAKE

1 A를 약 70℃까지 가열한다.

2 계량컵에 B를 넣고 **1**을 부어 유화시킨다.

3 볼에 옮긴 뒤 랩을 밀착시켜 냉장고에서 숙성시킨다.

2

3

몽타주

파트 쉬크레 약 270g
달걀물 적당량
건살구 약 220g
피스타치오 분태 적당량
미루아르 적당량
피스타치오 페이스트 적당량
초콜릿 장식물 적당량
식용 금박 적당량

HOW TO MAKE

1 3mm 두께로 밀어 편 파트 쉬크레 반죽을 지름 15cm 원형
　주름 타르트 틀에 퐁사주한다.

2 냉동고에서 약 20분 동안 굳힌 뒤 유산지와 누름돌을
　차례대로 넣어 165℃ 컨벡션 오븐에서 약 15분 동안
　굽는다.

3 누름돌과 유산지를 제거한 뒤 틀에서 빼 바닥 부분을
　제외한 모든 면에 달걀물을 바르고 5분 동안 더 굽는다.
　TIP 달걀물은 노른자 100g과 생크림 10g을 섞어 사용한다.

4 크렘 다망드 피스타슈를 평평하게 짠 뒤 윗면에
　건살구를 살짝 눌러 넣는다.

5 윗면에 피스타치오 분태를 뿌린다.

6 165℃ 컨벡션 오븐에서 15~20분 동안 윗면과 바닥에
　색이 골고루 날 때까지 굽고 식힌다.
　TIP 우녹스 컨벡션 오븐 기준 바람 세기를 1단으로
　줄여 굽는다.

7 윗면에 미루아르를 바른 뒤 휘핑한 크렘 가나슈 몽테
　피스타슈를 짜고 일부에는 홈을 만들어 피스타치오
　페이스트를 짜 넣는다.

8 건살구, 초콜릿 장식물, 식용 금박으로 장식한다.

4

5

7

8

사과의 아삭한 식감은 살리고 카라멜의 고소하면서 달콤 쌉싸름한 맛을 더한 프랑스식 사과 타르트입니다. 타르트 반죽 대신 조금 더 진한 버터 풍미를 지닌 갈레트 브르통 반죽을 사용하고 셸 모양 대신 얇은 원형으로 구운 뒤 카라멜에 졸인 사과를 꽃 모양으로 올려 그 모양이 한층 더 돋보이게 만들었습니다. 여기에 크렘 바니이 샹티이로 부드러운 달콤함을 더했습니다.

Tarte tatin

07

타탕 타르트 | 타르트 타탕

지름 14㎝ 원형 타르트 2개 분량 l 갈레트 브르통

작업 순서&보관

갈레트 브르통 반죽
냉동 보관 시 최대 5일

↓

사과 카라멜
냉동 보관 시 최대 5일

↓

크렘 바니이 샹티이
냉장 보관 시 최대 3일

STEP 1

갈레트 브르톤

버터 71g

A
미분당 29g
소금 1g

노른자 11g

B
박력분 71g
아몬드 파우더 17.5g
베이킹파우더 0.7g
- **총중량 201.2g**

HOW TO MAKE

1 볼에 버터와 A를 넣고 비터로 부드럽게 푼다.

2 노른자를 넣고 골고루 섞는다.

3 B를 체 쳐 넣고 저속으로 섞어 한 덩어리로 만든다.

4 반죽을 작업대로 옮겨 사각형으로 만든 뒤 실리콘
   페이퍼 사이에 넣어 약 6mm 두께로 밀어 펴고
   냉장고에서 30분 동안 휴지시킨다.
   <u>**TIP**</u> 냉장고에서의 휴지 시간은 최소 30분, 최대
   2일까지 가능하다.

5 지름 14cm 원형 틀로 찍어낸 뒤 타공 매트 위에
   올려 170℃ 컨벡션 오븐에서 15~17분 동안
   굽는다.

2

3

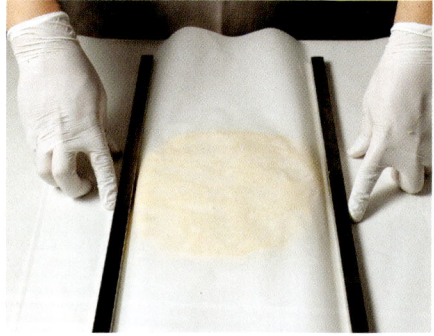

4

5

1

STEP 2

사과 카라멜

사과 과육 600g
설탕 137g
버터 52g
바닐라 빈 1.3개

A
설탕 45g
펙틴 NH 2.5g

● **총중량 836.5g**

HOW TO MAKE

1 사과는 껍질을 벗긴 뒤 12등분해 준비한다.
2 냄비에 설탕을 넣어 카라멜화한다.
3 버터를 넣어 녹인 뒤 사과 과육과 바닐라 빈의
  씨를 넣고 약불로 가열하며 섞는다.
4 사과가 약 50% 정도 익으면 불에서 내려 함께
  섞은 A를 윗면에 뿌린다.
5 다시 불에 올려 약불로 가열해 설탕이 녹고
  카라멜이 끓을 때까지 졸인다.

2

3

4

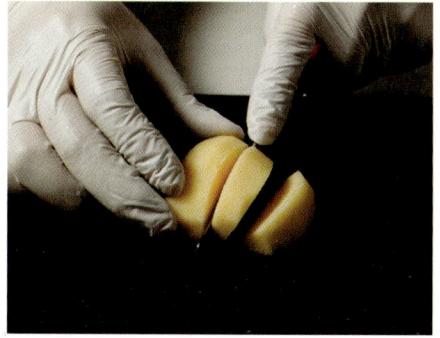

1

5

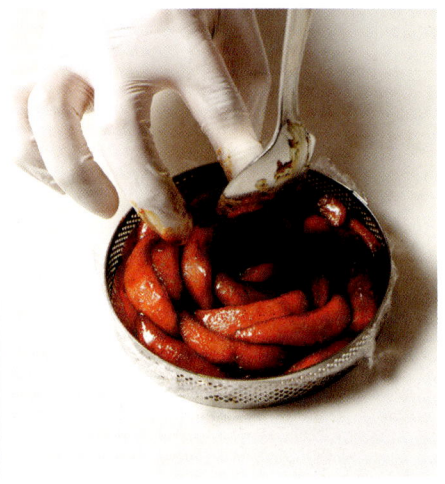

6

7

6 불에서 내린 뒤 체에 받쳐 수분을 거른다.
7 한쪽에 랩을 씌운 지름 12㎝ 원형 타공틀에 사과 과육을 꽃모양으로 넣은 뒤 냉동고에서 굳힌다.

STEP 3

크렘 바니이 샹티이

생크림 115g
설탕 13g
바닐라 파우더 적당량
바닐라 리큐르 1.2g
→디종 바닐라
• **총중량 129.2g**

HOW TO MAKE

1 볼에 생크림, 설탕, 바닐라 파우더를 넣고 중속으로 휘핑한다.
2 95%까지 휘핑한 뒤 바닐라 리큐르를 넣고 부드럽게 섞는다.

2

몽타주

미루아르 적당량
건조 바닐라 깍지 **적당량**

✎
HOW TO MAKE

1 틀에서 뺀 사과 카라멜을 갈레트 브르톤 위에 올린다.

2 윗면에 미루아를 얇게 바른다.

3 중앙에 숟가락으로 크렘 바니이 샹티이를 떠 올린 뒤
건조 바닐라 깍지를 올려 장식한다.

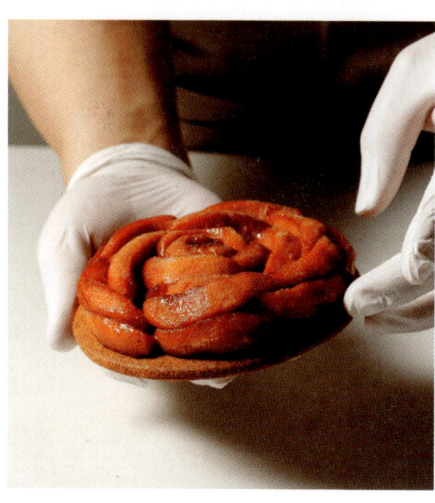

1

2

프랑스어 이름은 '타르트 피스타슈 시실리앙'입니다. 이름에서 유추할 수 있듯이 시칠리아 피스타치오를 사용한 제품으로 피스타치오의 고소한 풍미를 최대한 끌어 올리고 여기에 블루베리와 카시스의 상큼함을 더해 맛의 균형을 잡았습니다.

Tarte pistache sicilien

08

시칠리아 피스타치오 타르트

타르트 피스타슈 시실리앙 지름 10㎝ 원형 타르트 4개 분량 | 파트 사블레

작업 순서&보관

피스타치오 페이스트
냉장 보관 시 최대 5일
냉동 보관 시 최대 15일

↓

크렘 가나슈 몽테 피스타슈
냉장 보관 시 최대 3일

↓

카시스 블루베리 콩포트
냉장 보관 시 최대 5일

→ **크렘 다망드 피스타슈**
냉장 보관 시 최대 3일

↓

크렘 바바루아 시실리앙
냉장 보관 시 최대 3일

↓

분사용 초콜릿
실온 보관 시 최대 5일

STEP 1

피스타치오 페이스트

피스타치오 300g
포도씨유 15g
소금 0.6g
• **총중량 315.6g**

HOW TO MAKE

1 베이킹팬에 피스타치오를 펼쳐 넣고 160℃ 컨벡션 오븐에서 약 7분 동안 구운 뒤 식힌다.
2 푸드프로세서에 모든 재료를 넣고 고속으로 원하는 되기가 될 때까지 간다.
3 짤주머니에 담는다.

STEP 2

크렘 가나슈 몽테 피스타슈

A
생크림 250g
트리몰린 14g

B
화이트초콜릿 76g
피스타치오 페이스트 70g
젤라틴 매스 28g
• **총중량 438g**

HOW TO MAKE

1 냄비에 A를 넣고 약 70℃까지 가열한다.
2 계량컵에 B를 넣고 1을 부어 핸드블렌더로 유화시킨다.
3 볼에 옮긴 뒤 랩을 밀착시켜 냉장고에서 숙성시킨다.

STEP 3

카시스 블루베리 콩포트

A
냉동 블루베리 37g
냉동 카시스 퓌레 37g
B
설탕 30g
펙틴 NH 1.5g

키르슈 1.5g
→ 디종 키르쉬
• **총중량 107g**

HOW TO MAKE

1 냄비에 A와 B를 넣고 섞은 뒤 약 90℃까지 가열한다.
2 불에서 내려 얼음물 위에서 키르슈를 넣고 섞는다.

1

2

STEP 4

크렘 다망드 피스타슈

버터 35g

A
미분당 35g
아몬드 파우더 15g
피스타치오 파우더 20g
박력분 12g

달걀 31g
피스타치오 페이스트 35g

• **총중량 183g**

HOW TO MAKE

1 믹서볼에 버터와 A를 넣고 비터로 믹싱한다.
2 달걀, 피스타치오 페이스트를 넣고 섞은 뒤 바닥 부분을 긁어
  다시 한번 골고루 섞는다.
3 짤주머니에 담는다.

STEP 5

8개 분량

크렘 바바루아 시실리앙

A
생크림 52g
우유 26g
노른자 21g

설탕 16g

B
화이트초콜릿 12.5g
피스타치오 페이스트 17.5g
젤라틴 매스 20g

휘핑한 생크림 154g

• **총중량 319g**

HOW TO MAKE

1 냄비에 A를 넣고 약 60℃까지 저으면서 가열한다.
2 설탕을 넣고 85℃가 될 때까지 저으면서 가열해
  크렘 앙글레즈를 만든 뒤 불에서 내린다.
3 B를 넣고 유화시킨다.

4

4 볼에 옮긴 뒤 얼음물을 받쳐 23℃까지 식힌다.

5 약 70% 휘핑한 생크림을 넣고 섞는다.

6 짤주머니에 담은 뒤 지름 8㎝, 높이 1.8㎝ 원형 실리콘 몰드에
평평하게 채우고(약 35g씩 사용) 냉동고에서 굳힌다.

   TIP 35g이 기준이기는 하나 크림의 비중에 따라 몰드를 채우는
   무게는 늘거나 줄어들 수 있다.

5

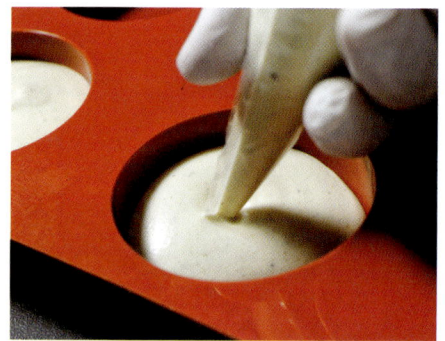

6

STEP 6

분사용 초콜릿

A
화이트초콜릿 50g
카카오버터 50g

녹색 초콜릿용 식용 색소 3g
• **총중량 103g**

HOW TO MAKE

1 A를 약 45℃로 녹인 뒤 녹색 초콜릿용 식용 색소를 넣고
   핸드블렌더로 섞는다.

2 고운체에 거른다.

1

몽타주

파트 사블레 약 180g	피스타치오 파우더 적당량
달걀물 적당량	커넬 피스타치오 적당량
미루아르 적당량	식용 금박 적당량

HOW TO MAKE

1 2㎜ 두께로 밀어 편 파트 사블레를 지름 10㎝ 원형 주름
   타르트 틀에 퐁사주한다.

2 160℃ 컨벡션 오븐에서 12분 동안 굽는다.

3 틀에서 뺀 뒤 바닥 부분을 제외한 안쪽과 겉면에
   달걀물을 얇게 바르고 크렘 다망드 피스타슈 45g을 짠다.
   TIP 달걀물은 노른자 100g과 생크림 10g을 섞어 사용한다.

4 160℃ 컨벡션 오븐에서 약 10분 동안 굽고 구움색을
   확인해 오븐에서 뺀 뒤 식힌다.

5 피스타치오 페이스트 40g을 넣어 윗면을 평평하게
   만든 뒤 냉동고에서 약 15분 동안 굳힌다.

6 카시스 블루베리 콩포트 25g을 넣고 윗면을 평평하게
   만든 뒤 냉동고에서 약 15분 동안 다시 굳힌다.

7 타르트 가장자리에 미루아르를 바른 뒤 피스타치오
   파우더를 묻힌다.

8 몰드에서 뺀 크렘 바바루아 시실리앙에 분사용 초콜릿을
   분사한 뒤 7 위에 올린다.

9 몽블랑 깍지를 낀 짤주머니에 휘핑한 크렘 가나슈 몽테
   피스타슈를 넣고 8에 두르며 짠다.

10 윗면에 미루아르를 모양 내 짠 뒤 커넬 피스타치오,
   식용 금박으로 장식한다.

6

7

8

5

9

견과류 중에서도 가장 묵직한 고소함을 지닌 헤이즐넛과 달콤한 풍미의
바닐라를 조합한 타르트입니다. 거의 모든 구성 요소에 헤이즐넛으로 만든
프랄리네를 넣었으며 바닐라 향 가득한 바닐라 무스를 올려 부드러움을 더
했습니다. 헤이즐넛과 바닐라는 개인적으로 가장 좋아하는 조합이기도 합니다.

Tarte vanille noisette

09

헤이즐넛 바닐라 타르트 | 타르트 바니이 누아제트

지름 18cm 원형 타르트 1개 분량 | 파트 사블레 쇼콜라

작업 순서&보관

가나슈 몽테 바니이
냉장 보관 시 최대 5일
↓
헤이즐넛 프랄리네
냉장 보관 시 최대 7일
↓
크렘 누아제트 쇼콜라
냉장 보관 시 최대 3일

→ 비스퀴 팽 드 젠 누아제트
냉동 보관 시 최대 5일
↓
바닐라 시럽
냉장 보관 시 최대 7일
↓
투명 미루아르 글라사주
냉장 보관 시 최대 5일

STEP 1

가나슈 몽테 바니이

A
생크림 245g
물엿 19g
바닐라 빈 0.7개

바닐라 리큐르 2g
→ 디종 바닐라

● **총중량 338.5g**

B
화이트초콜릿 52.5g
젤라틴 매스 20g

HOW TO MAKE

1 냄비에 A를 넣고 약 70℃까지 가열한 뒤 랩을
   덮어 10분 정도 우린다.
2 B를 넣고 핸드블렌더로 유화시킨다.
3 바닐라 리큐르를 넣어 섞고 체에 거른 뒤 랩을
   밀착시켜 냉장고에서 하루 동안 휴지시킨다.

1

3

STEP 2

2개 분량

헤이즐넛
프랄리네

구운 헤이즐넛 120g
물 25g
설탕 100g
바닐라 빈 0.5개
식용유 10g

● **총중량 255g**

HOW TO MAKE

1 헤이즐넛은 160℃ 컨벡션 오븐에서 약 15분 동안 구운 뒤 식혀
   준비한다.
2 냄비에 물과 설탕을 넣고 115℃까지 가열한다.
3 불에서 내려 **1**을 넣고 사블라주(설탕 결정이 생길 때까지 섞는
   작업)한다.

3-1

3-2

4-1

4-2

5

4 다시 불에 올려 카라멜화한 뒤 바닐라 빈의 씨와 깍지를 넣고 섞는다.

5 베이킹팬에 테프론 시트를 깐 뒤 **4**를 넓게 펼쳐 식힌다.

6 푸드프로세서에 넣어 10초 정도 간다.

7 식용유를 넣은 뒤 원하는 상태가 될 때까지 충분히 간다.

TIP 이때 온도가 55℃ 이상으로 넘어가지 않도록 주의한다.

8 짤주머니 또는 진공팩에 넣어 보관한다.

6

7

STEP 3

크렘 누아제트 쇼콜라

A
우유 37g
생크림 12.5g
트리몰린 2g
노른자 20g
설탕 15g

B
화이트초콜릿 6g
헤이즐넛 프랄리네 9g
젤라틴 매스 7g
• **총중량 108.5g**

HOW TO MAKE

1 냄비에 A를 넣고 잘 섞은 뒤 약 70℃가 될 때까지 저으면서 가열한다.
2 B를 넣고 유화시킨 뒤 지름 10㎝, 높이 2㎝ 원형 실리콘 몰드에 넣고 냉동고에서 완전히 얼린다.

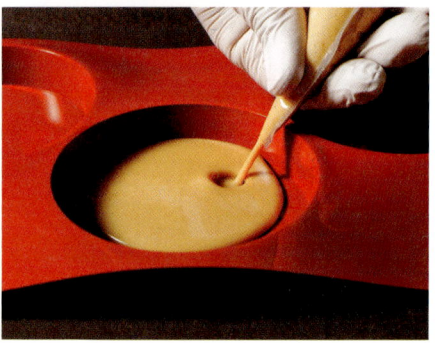

STEP 4

약 6개 분량

비스퀴 팽 드 젠 누아제트

A
아몬드 파우더 100g
미분당 100g

C
녹인 버터 40g
헤이즐넛 프랄리네 30g

B
달걀 120g
노른자 30g

D
박력분 45g
베이킹파우더 2g
• **총중량 467g**

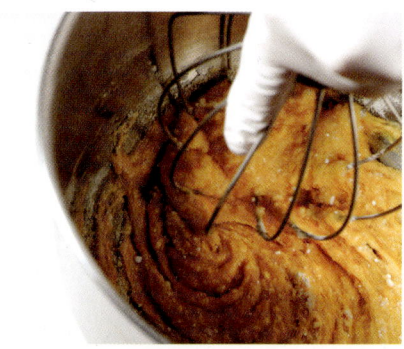

HOW TO MAKE

1 믹서볼에 함께 체 친 A와 B를 넣고 중탕으로 26℃까지 데우면서 거품기로 섞는다.
2 약 5분 동안 고속으로 휘핑한 뒤 C를 넣고 섞는다.

3 3

4 4

3 D를 체 쳐 넣고 빠르게 섞은 뒤 30×40㎝ 베이킹팬에 평평하게 펼쳐 넣는다.

4 175℃ 컨벡션 오븐에서 8~10분 동안 구운 뒤 구움색을 확인해 꺼낸다.

STEP 5

바닐라 시럽

물 50g
바닐라 빈 0.25개
설탕 18g
바닐라 리큐르 1.5g
→ 디종 바닐라

• **총중량 69.5g**

1 1

HOW TO MAKE

1 냄비에 물, 바닐라 빈의 씨와 깍지, 설탕을 넣고 끓을 때까지
가열한다.

2 불에서 내려 바닐라 리큐르를 넣고 섞은 뒤 식힌다.

2 2

STEP 6

투명
미루아르
글라사주

A
나파주 300g
→ 발로나 압솔뤼 크리스탈
물 60g
젤라틴 매스 7g

바닐라 파우더 **적당량**
• **총중량 367g**

✎
HOW TO MAKE

1 냄비에 A를 넣고 끓을 때까지 가열한다.
2 바닐라 파우더를 넣고 핸드블렌더로 섞는다.
   TIP 덩어리가 없으면 핸드블렌더를 사용하지 않아도 된다.
3 체에 거른 뒤 35℃로 온도를 맞춘다.

2

3

STEP 7

몽타주

파트 사블레 쇼콜라 약 250g
달걀물 **적당량**
크리스탈리제 누아제트 **적당량**
초콜릿 장식물 **적당량**

✎
HOW TO MAKE

1 부드럽게 휘핑한 가나슈 몽테 바니이 150g을 지름 15㎝
   돔형 실리콘 몰드에 평평하게 넣는다.
2 중앙에 몰드에서 뺀 크렘 누아제트 쇼콜라를 살짝 눌러
   넣는다.

1

2

3

3 가나슈 몽테 바니이 50g을 평평하게 채운 뒤 냉동고에서
　완전히 얼린다.
4 2mm 두께로 밀어 편 파트 사블레 쇼콜라를 지름 18cm 원형
　타공틀에 퐁사주한다.
5 160℃ 컨벡션 오븐에서 12분 동안 굽는다.
6 틀에서 뺀 뒤 바닥 부분을 제외한 안쪽과 겉면에 달걀물을 얇게
　바른다.
　TIP 달걀물은 노른자 100g과 생크림 10g을 섞어 사용한다.
7 160℃ 컨벡션 오븐에서 약 8분 동안 구운 뒤 식힌다.
8 헤이즐넛 프랄리네 80g을 넣어 평평하게 펼친다.
9 중앙에 지름 12cm 원형으로 자른 비스퀴 팽 드 젠 누아제트를
　눌러 넣은 뒤 바닐라 시럽을 바른다.
10 남은 가나슈 몽테 바니이를 **9**의 둘레에 채운 뒤 윗면을
　평평하게 정리하고 냉동고에서 10분 동안 굳힌다.
11 **3**을 몰드에서 뺀 뒤 투명 미루아르 글라사주를 부어 코팅한다.
12 **10** 위에 **11**을 올린 뒤 크리스탈리제 누아제트와 초콜릿
　장식물로 장식한다.

7

8

10

9

11

한입 먹으면 통카와 얼그레이 향이 입안에 퍼지고 진한 초콜릿 맛을 느낄 수 있는 초콜릿 타르트입니다. 여기에 콩피튀르 프랑부아즈의 상큼함으로 반전을 주었으며 파트 사블레와 크럼블의 바삭함, 그에 대비되는 꾸덕꾸덕한 가나슈 테 누아의 식감이 먹는 재미를 더합니다.

Tarte crumble chocolat

초콜릿 크럼블 타르트 | 타르트 크럼블 쇼콜라

지름 15㎝ 원형 타르트 3개 분량 | 파트 사블레 쇼콜라

작업 순서&보관

가나슈 몽테 누아 통카
냉장 보관 시 최대 5일
↓
비스퀴 조콩드 쇼콜라
냉동 보관 시 최대 5일
↓
콩피튀르 프랑부아즈
냉장 보관 시 최대 5일

→ **가나슈 테 누아**
냉장 보관 시 최대 4일

쇼콜라 크럼블
냉동 보관 시 최대 5일

STEP 1

가나슈 몽테 누아 통카

A
생크림 330g
물엿 18g
통카 가루 0.5개 분량

B
다크초콜릿(55%) 95g
젤라틴 매스 26g
럼 2g
→ 네그리타 오리지널
• **총중량 471g**

HOW TO MAKE

1 냄비에 A를 넣고 데운 뒤 랩으로 덮어 우린다.
2 계량컵에 B와 체에 거른 **1**을 넣고 초콜릿이 녹을 때까지
   조금 두었다가 핸드블렌더로 유화시킨다.
3 볼에 옮겨 담고 랩을 밀착시켜 냉장고에서 3~4시간 동안
   휴지시킨다.

STEP 2

비스퀴
조콩드
쇼콜라

A
달걀 68g
노른자 48g

B
미분당 76g
아몬드 파우더 76g
블랙 코코아 파우더 15g
박력분 8g

흰자 76g
설탕 24g

C
버터 10g
다크초콜릿 15g
• **총중량 416g**

HOW TO MAKE

1 믹서볼에 A와 체 친 B를 넣고 섞은 뒤 열풍기로
   볼을 데워 가며 5분 동안 휘핑한다.
2 다른 믹서볼에 흰자와 설탕을 넣고 휘핑해
   부드러운 머랭을 만든다.
3 **1**에 함께 녹인 C를 넣고 섞는다(반죽 온도
   25~27℃).

4

5

4 **3**에 머랭을 넣고 부드럽게 섞는다.

5 유산지를 깐 60×40㎝ 베이킹팬의 절반 또는 30×40㎝ 베이킹팬 전체에 평평하게 펼쳐 넣는다.

6 180℃ 컨벡션 오븐에서 9~12분 동안 굽고 바로 뒤집어 식힌다.

STEP 3

콩피튀르 프랑부아즈

A
냉동 산딸기 100g
산딸기 퓌레 20g

B
설탕 45g
펙틴 NH 2g

산딸기 리큐르 2g
→ 보쥬 프랑보아즈

• **총중량 169g**

1

HOW TO MAKE

1 냄비에 해동한 A와 B를 넣고 골고루 섞은 뒤 중불로
약 95℃가 될 때까지 가열한다.

2 산딸기 리큐르를 넣고 섞은 뒤 얼음물 위에서 식히고
짤주머니에 담는다.
TIP 산딸기는 씨까지 갈면 텁텁한 맛이 나기 때문에 갈지 않는다.

2

STEP 4

가나슈
테 누아

A
생크림 75g
트리몰린 3.5g

얼그레이 찻잎 2g

B
다크초콜릿(55%) 79g
버터 16g
• **총중량 175.5g**

HOW TO MAKE

1 냄비에 A와 얼그레이 찻잎을 넣고 데운 뒤 랩을 덮어 약 10분 동안 향을 우린다.
   TIP 얼그레이 찻잎은 거름망 안에 넣어 사용하면 편리하다.

2 계량컵에 B와 체에 거른 **1**을 넣고 유화시킨 뒤 짤주머니에 담는다.

STEP 5

쇼콜라
크럼블

버터 75g

A
황설탕 67g
박력분 100g
블랙 코코아 파우더 28g

달걀 12g
• **총중량 282g**

HOW TO MAKE

1 믹서볼에 버터와 함께 체 친 A를 넣고 비터로 믹싱해 사블라주한다.
2 달걀을 넣고 약 1㎝ 크기가 될 때까지 믹싱한다.
3 베이킹팬 등에 넓게 펼친 뒤 냉동고에서 약 10분 동안 보관한다.
4 165℃ 컨벡션 오븐에서 11분 동안 구운 뒤 식힌다.

몽타주

파트 사블레 쇼콜라 약 **200g**
달걀물 **적당량**
블랙 코코아 파우더 **적당량**

HOW TO MAKE

1 버터칠을 한 지름 15㎝ 원형 타공틀에 2㎜ 두께로 밀어 편
  파트 사블레 쇼콜라를 지름 15㎝ 원형과 폭 2~2.5㎝, 길이
  47㎝ 띠 모양으로 잘라 퐁사주한다.

2 냉동고에 15~20분 정도 넣었다가 165℃ 컨벡션 오븐에서
  약 15분 동안 굽는다.

3 틀에서 빼 바닥 부분을 제외하고 달걀물을 골고루 바른 뒤
  다시 165℃ 컨벡션 오븐에 넣어 10분 동안 굽는다.
  TIP 달걀물은 노른자 100g과 생크림 10g을 섞어 사용한다.

4 식힌 타르트 셸에 가나슈 테 누아 55g, 콩피튀르 프랑부아즈
  40g을 차례대로 평평하게 넣은 뒤 냉동고에서 굳힌다.

5 중앙에 지름 10㎝ 원형으로 자른 비스퀴 조콩드 쇼콜라를 살짝
  눌러 넣는다.

6 남은 공간에 휘핑한 가나슈 몽테 누아 통카를 평평하게
  채운다.

7 가운데에 콩피튀르 프랑부아즈 15g을 짠다.

8 7 위에 남은 가나슈 몽테 누아 통카를 봉긋하게 돔모양으로
  돌려 짠 뒤 스패튤러로 윗면을 정리한다.

9 크림이 보이지 않도록 쇼콜라 크럼블을 가득 올린 뒤 블랙
  코코아 파우더를 뿌린다.

4

5

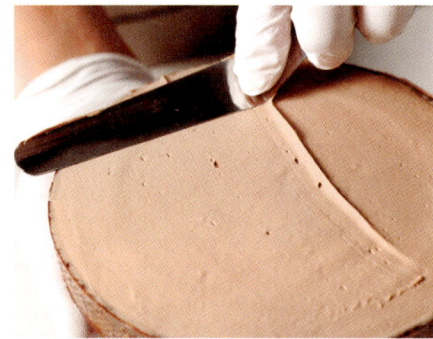

6

3

8

타르트
Tartes Q & A

Q.01 타르트 셸 옆면이 구워지면서 자꾸 주저앉는데 무엇이 문제일까요?

A. 반죽을 제대로 잘 만들었는데도 주저앉는다면 타르트 반죽을 퐁사주할 때 힘을 너무 약하게 주어 반죽과 틀 사이에 틈이 생겼을 가능성이 높습니다. 퐁사주 작업을 할 때 틈이 생기지 않도록 조금 더 꼼꼼하게 작업해 보세요. 하지만 타공틀을 사용하는 경우라면 너무 힘을 주어 퐁사주하지 않도록 주의해야 합니다. 퐁사주할 때 너무 힘을 주어 누르면 반죽이 틀의 구멍 사이로 끼어 들어가 틀과 잘 분리되지 않을 수 있습니다.

Q.02 페이스트를 직접 만드는 대신 시판 제품을 쓰려고 하는데 동량 대체해서 될까요?

A. 맛이나 풍미에는 조금 차이가 있겠지만 시판되는 페이스트로 동량 대체해도 괜찮습니다. 시판 페이스트를 사서 개봉하면 위쪽에 기름이 떠 있는데 이 기름도 페이스트에 포함된 성분입니다. 기름과 가라앉아 있는 내용물을 모두 골고루 섞어 균일한 상태로 만든 다음 개량해 사용하세요. 특별히 주의할 점은 보관 방법입니다. 페이스트는 지방 성분이 많기 때문에 산패되기 쉽습니다. 금방 소진할 예정이라면 냉장고에 보관하고 오래 두고 사용할 예정이라면 소분하여 진공 포장한 뒤 냉동고에 보관해야 합니다.

Q.03 여러 번 사용하고 남은 타르트 반죽이나 제품을 만들기 어려운 사블레 혹은 푀이타주 반죽의 활용법을 알려 주세요.

A. 사블레 반죽은 구운 뒤에 부수어 크루스티양 또는 크럼블을 만들어 보세요. 푀이타주 반죽은 겹쳐서 밀어 편 뒤 피케 작업을 해 구워 내면 앙트르메나 프티 가토 제품의 바닥으로 활용할 수 있습니다. 제품을 지지하면서도 바삭한 식감을 더할 수 있지요.

Q.04 화이트초콜릿으로 가나슈를 만들면 냉장고에서도 굳지 않을 때가 있어요. 왜 그럴까요?

A. 화이트초콜릿은 다크초콜릿이나 밀크초콜릿과 달리 카카오 매스가 없고 카카오버터만 포함된 초콜릿입니다. 따라서 지방이 더 많기 때문에 유화를 제대로 하기가 어렵습니다. 다크초콜릿 또는 밀크초콜릿으로 가나슈를 만들 때보다 초콜릿을 녹이는 온도와 생크림 등 넣고 섞는 액체의 온도를 더 낮게 하고 핸드블렌더를 저속으로 작동시켜 충분히 유화시키는 것이 좋습니다.

Q.05 젤라틴 대신 한천을 사용했더니 원하는 식감보다 단단하고 뚝뚝 끊기는 식감이 납니다.

A. 한천은 우뭇가사리에서 추출한 식물성 원료로 젤라틴, 펙틴과 같은 겔화제 중 하나입니다. 하지만 젤라틴과는 달리 굳혔을 때 다소 단단하고 뚝뚝 끊기는 식감이 됩니다. 만약 콩피튀르나 크렘 파티시에와 같이 부드러운 제품을 만들 때 한천을 사용해야 한다면 만든 뒤에 핸드블렌더로 곱게 갈아 사용해 보세요.

Q.06 젤라틴 매스 대신 판젤라틴을 사용하려면 어떻게 하면 될까요?

A. 판젤라틴을 사용할 때는 조금 더 주의가 필요합니다.
판젤라틴은 충분히 잠길 정도의 얼음물이나 차가운 물에 넣고 충분히 불린 뒤 물기를 다시 짜내고 사용합니다. 이 때 흡수된 물의 양을 정확하게 알지 못하면 제품을 만들 때마다 수분 함량이 다르게 됩니다. 즉 이 물의 양에 따라 완성 제품의 모양, 맛, 식감 등에 차이가 생기게 됩니다. 반면 젤라틴 매스를 만들 때는 보통 가루 젤라틴 1에 물 5~7의 비율로 섞어 사용하는데 이 책에서는 1:6의 비율로 섞어 사용했습니다. 이처럼 판젤라틴을 사용할 경우에도 물과 젤라틴의 비율을 맞추어 사용하길 권장합니다.

Q.07 젤라틴 매스는 매일 새로 만들어 사용해야 하나요?

A. 젤라틴 매스는 보관 방법에 따라 차이가 있지만 냉장고에서 큰 온도 변화 없이 잘 보관한다면 5일까지 사용 가능합니다. 따라서 5일 동안 사용할 양을 한꺼번에 만들어 두고 사용해도 괜찮습니다. 다만 젤라틴 매스에 수분이 많이 포함되어 있기 때문에 미생물 번식이 빠르므로 보관과 위생에 주의하며 사용하세요.

Q.08 화이트초콜릿을 녹였는데 알갱이가 생겼어요.

A. 화이트초콜릿은 카카오버터와 유지방, 설탕으로 만든 초콜릿입니다. 고온에 녹이면 설탕과 유지방이 결합하면서 결정이 생기는데 이 결정은 한번 생기면 잘 없어지지 않습니다. 만약 알갱이가 생긴 화이트초콜릿을 사용할 수밖에 없는 상황이라면 고운체에 거른 뒤에 사용하거나 핸드블렌더로 갈아서 사용할 수는 있습니다. 하지만 미세한 결정이 남아 있을 수 있기 때문에 화이트초콜릿을 녹일 때는 반드시 40~45℃의 낮은 온도로 녹이고 전자레인지를 사용한다면 짧게 끊어 상태를 확인하며 녹이세요.

ENTREMETS

L'opéra . Charlottes aux fraises
Exotique . Forêt-noire
Saint-honoré à la cacahouète

오페라
이그조틱
딸기 샤를로트

포레누아
땅콩 생토노레

Partie3 앙트르메

프랑스의 전통 디저트 중 하나인 '오페라'는 파리에 있는 오페라 하우스
내부 모습과 닮았다 하여 '오페라'라고 이름 지었다는 이야기가 있습니다.
비스퀴 조콩드를 흠뻑 적신 에스프레소 시럽이 층층이 쌓은 버터크림과
쇼콜라 가나슈에서 느낄 수 있는 약간의 느끼함과 달콤함을 잡아 주며 맛의
조화를 이룹니다.

L'opéra

01

오페라

26×18㎝ 직사각형 케이크 1개 분량

[작업 순서&보관]

비스퀴 조콩드
냉동 보관 시 최대 7일
↓
시럽 에스프레소
냉장 보관 시 최대 2일
↓
가나슈
냉장 보관 시 최대 5일

→ **크렘 오 뵈르 아 랑글레즈 카페**
냉동 보관 시 최대 7일
↓
쇼콜라 글라사주 구르멍
냉동 보관 시 최대 14일

비스퀴 조콩드

A
달걀 145g
노른자 102g

B
미분당 165g
아몬드 파우더 165g
박력분 42g

흰자 165g
설탕 53g
녹인 버터 21g

• **총중량 858g**

HOW TO MAKE

1 믹서볼에 A와 B를 넣고 거품기로 믹싱한다.
2 다른 믹서볼에 흰자와 설탕을 넣고 90%까지
   휘핑해 부드러운 머랭을 만든다.
3 **1**을 볼에 옮긴 뒤 40℃로 녹인 버터를 넣고 섞는다.
4 머랭을 넣고 섞는다.
5 60×40㎝ 베이킹팬에 평평하게 펼쳐 넣는다.
6 180℃ 컨벡션 오븐에서 8~12분 동안 구운 뒤
   오븐에서 꺼내자마자 바로 뒤집어 수분이 날아가지
   않도록 한다.

2

4

5

1

6

STEP 2

시럽 에스프레소

에스프레소 250g
물 100g
설탕 125g
• **총중량 475g**

1

HOW TO MAKE

1 냄비에 모든 재료를 넣고 설탕이 녹을
때까지 가열한 뒤 식힌다.

STEP 3

가나슈

A
생크림 75g
물엿 9g

B
다크초콜릿(55%) 105g
카카오버터 10g
버터 15g
• **총중량 214g**

2-1

2-2

HOW TO MAKE

1 A를 약 70℃까지 가열한다
2 계량컵에 B를 넣고 1을 부어 핸드블렌더로 유화시킨다.

크렘 오 뵈르 아 랑글레즈 카페

커피 원두 8g
우유 82g
설탕 44g
노른자 60g
버터(실온) 165g
커피 농축액 6g
• **총중량 365g**

HOW TO MAKE

1 두꺼운 비닐 또는 비닐 짤주머니에 커피
   원두를 넣고 두드려 적당한 크기로 부순 뒤
   찻잎 거름망에 담는다.

2 냄비에 우유, **1**, 약간의 설탕을 넣고 약불로
   가열한 뒤 랩을 덮어 5분 정도 향을 우린다.

3 볼에 노른자와 남은 설탕을 넣고 색이 밝아질
   때까지 섞는다.

4 **2**를 체에 걸러 넣고 섞은 뒤 다시 냄비에 옮겨
   저으면서 85℃까지 가열해 크렘 앙글레즈를
   만든다.

2

3

1

4

5

6

7

5 믹서볼에 옮긴 뒤 약 35℃가 될 때까지 휘핑해
식힌다.

6 부드러운 버터를 넣고 섞는다.

7 부드러운 크림 상태가 될 때까지 휘핑한 뒤
커피 농축액을 넣고 섞는다.

STEP 5 ─────

쇼콜라 글라사주 구르멍

파트 아 글라세 다크 210g
다크초콜릿 65g
포도씨유 20g
• **총중량 295g**

HOW TO MAKE

1 전자레인지용 볼에 모든 재료를 넣어
전자레인지에 녹이고 섞는다.

STEP 6

몽타주

> 파트 아 글라세 다크 **적당량**

HOW TO MAKE

1 비스퀴를 두께 1.5cm, 27.3×19.5cm 직사각형으로 3장
자른다.

2 바닥 부분으로 사용할 비스퀴 한 장의 구움색이 난 쪽에
녹인 파트 아 글라세 다크를 얇게 발라 코팅하고 굳힌다.

3 27.3×19.5cm 오페라 케이크 틀에 코팅한 부분이 아래를
향하게 넣는다.

4 시럽 에스프레소 150g을 발라 적신(앙비베) 뒤 시럽이
충분히 스며들도록 냉장고에서 10분 동안 휴지시킨다.

5 크렘 오 뵈르 아 랑글레즈 카페 160g을 넣고 윗면을
평평하게 정리한 뒤 두 번째 비스퀴를 올려 살짝 누른다.

6 두 번째 비스퀴에 시럽 에스프레소 150g을 발라 적신 뒤
냉장고에서 10분 동안 휴지시킨다.

3

4

1

5

2

6

7

7 가나슈를 넣어 윗면을 평평하게 정리한다.

8 마지막 비스퀴 한 장을 올린 뒤 남은 시럽 에스프레소 150g을 발라 적시고 냉장고에서 10분 동안 휴지시킨다.

9 남은 크렘 오 뵈르 아 랑글레즈 카페 160g을 올려 윗면을 평평하게 정리한 뒤 냉장고에서 굳힌다.

10 오페라 케이크 틀을 제거한 뒤 윗면에 35℃의 쇼콜라 글라사주 구르멍을 부어 얇게 코팅한다.

11 살짝 굳으면 남은 쇼콜라 글라사주 구르멍을 코르네에 담아 윗면에 뿌려 장식한다.

12 냉장고에서 굳힌 뒤 따뜻한 칼날을 사용해 가장자리를 잘라 내고 원하는 크기로 자른다.

8

9

11

10

12

프랑스어로는 '에그조티크'라 발음하는 이그조틱은 열대과일에서 느낄 수 있는 특유의 맛과 향, 색을 잘 나타낸 제품입니다. 모든 구성 요소를 한입에 넣으면 새콤함, 달콤함, 고소함을 순서대로 느낄 수 있어 신맛을 좋아하지 않는 사람도 부담 없이 먹을 수 있습니다.

Exotique

02

이그조틱 │ 에그조티크

지름 18cm 원형 1개 분량

작업 순서&보관

다쿠아즈 코코
냉동 보관 시 최대 **7일**
↓
즐레 드 코코
냉장 보관 시 최대 **3일**
↓
패션 존 콩피튀르
냉장 보관 시 최대 **5일**

크렘 바바루아 패션 망고
냉장 보관 시 최대 **3일**

글라사주 미루아르 존
냉동 보관 시 최대
14일

다쿠아즈 코코

A
흰자 65g
설탕 15g

B
아몬드 파우더 40g
미분당 40g
코코넛 파우더 8g

미분당 적당량

• 총중량 168g

HOW TO MAKE

1 믹서볼에 A를 넣고 중속으로 휘핑해 단단한 머랭을 만든다.
2 함께 체 친 B를 넣고 가볍게 섞는다.
3 지름 1.2㎝ 원형 깍지(805번)를 낀 짤주머니에 반죽을 담아 물에 담갔던 지름 12㎝, 높이 2㎝ 원형 타공틀에 짠 뒤 윗면을 평평하게 정리한다.
4 틀을 뺀 뒤 미분당을 두 번 뿌려 160℃ 컨벡션 오븐에서 약 20분 동안 굽는다.

2

4

즐레 드 코코

A
코코넛 퓌레 48g
생크림 24g

B
설탕 14.5g
한천 1g

• 총중량 87.5g

HOW TO MAKE

1 냄비에 모든 재료를 넣고 섞는다.
2 중불에서 약 85℃까지 저으면서 가열한 뒤 불에서 내린다.
3 불에서 내려 한쪽을 랩으로 싼 지름 12㎝ 원형 타공틀에 80g 넣은 뒤 냉동고에서 완전히 얼린다.

2

3

STEP 3

패션 존 콩피튀르

A
바나나 과육 40g
패션프루트 퓌레 56g
파인애플 퓌레 28g

B
설탕 44g
펙틴 NH 2g

패션프루트 리큐르 3g
→ 디종 패션후르츠

• **총중량 173g**

HOW TO MAKE

1 냄비에 모든 재료를 넣고 섞은 뒤 핸드블렌더로 완전히 간다.
2 불에 올려 주걱으로 저으면서 90℃까지 가열한다.
   TIP 완성 상태는 온도보다 되기를 확인한다.
3 불에서 내려 식힌 뒤 원형 타공틀에 넣어 굳힌 즐레 드 코코
   위에 담아 냉동고에서 굳힌다.

STEP 4

크렘 바바루아 패션 망고

A
우유 110g
패션 퓌레 45g
망고 퓌레 25g
설탕 25g
노른자 45g

B
젤라틴 매스 28g
화이트초콜릿 22g

패션프루트 리큐르 1g
→ 디종 패션후르츠
휘핑한 생크림 150g

• **총중량 451g**

HOW TO MAKE

1 냄비에 A를 넣고 섞은 뒤 85℃까지 저으면서 가열해 크렘
   앙글레즈를 만든다.
2 B를 넣고 섞은 뒤 핸드블렌더로 유화시킨다.
3 얼음물을 받쳐 약 25℃까지 식힌 뒤 패션프루트 리큐르와
   휘핑한 생크림을 넣고 부드럽게 섞는다.

글라사주 미루아르 존

A
설탕 180g
물 40g

B
생크림 136g
물엿 88g

C
화이트초콜릿 55g
트리몰린 15g
젤라틴 매스 42g

노란색 초콜릿용 식용 색소 3g
• **총중량 559g**

HOW TO MAKE

1 냄비에 A를 넣고 약 106℃까지 가열한다.
2 다른 냄비에 B를 넣고 80℃까지 가열한 뒤 **1**에
   넣고 섞는다.
3 20~30초 동안 더 가열해 끓어오르면 불에서
   내린다.
4 계량컵에 C와 **3**을 넣어 유화시킨 뒤 노란색
   초콜릿용 식용 색소를 넣고 다시 한번 섞는다.
5 랩을 밀착시켜 하루 동안 숙성시킨다.

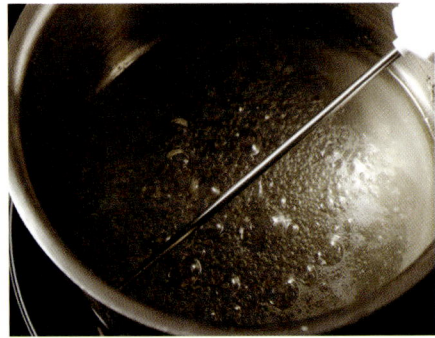

1

2

3

4

몽타주

초콜릿 장식물 **적당량**
샹티이 크림 **적당량**

HOW TO MAKE

1 지름 18㎝, 높이 5㎝ 원형 실리콘 몰드(실리코마트 Universo 1200)에 크렘 바바루아 패션 망고를 60%까지 넣은 뒤 슈미제한다.

2 틀을 제거한 패션 존 콩피튀르를 즐레 드 코코가 위를 향하도록 중앙에 넣는다.

3 남은 크렘 바바루아 패션 망고를 약 90%까지 넣은 뒤 윗면을 평평하게 정리한다.

4 다쿠아즈 코코를 눌러 넣은 뒤 윗면을 평평하게 정리해 냉동고에서 완전히 굳힌다.

5 몰드에서 뺀 뒤 27~30℃까지 데운 글라사주 미루아르 존을 부어 코팅한다.

6 가장자리에 띠 모양 초콜릿 장식물을 두르고 윗면에 샹티이 크림을 짠 뒤 원형 초콜릿 장식물을 올려 장식한다.

2

3

4

1

5

프랑스어로 '샤를로트 오 프레즈'라고 부르는 제품을 몽슈와 버전으로 만들었습니다. 비스퀴 퀴이예르를 겉면에 두르고 안쪽에 크림을 채워 만드는 기본 샤를로트 모양과 달리 가운데 구멍이 뚫린 링 모양의 무스케이크로 만들고 구멍에 딸기를 채웠습니다. 대신 무스케이크 속에 레드베리 콩포트와 크렘 디플로마트를 조합해 샤를로트의 맛을 느낄 수 있도록 구성했습니다.

Charlottes aux fraises

03

딸기 샤를로트 | 샤를로트 오 프레즈

지름 18㎝ 링 모양 1개 분량

작업 순서＆보관

비스퀴 아 라 퀴이예르 루즈
냉동 보관 시 최대 5일
↓
레드베리 콩포트
냉동 보관 시 최대 5일
↓
앙비베용 시럽
냉장 보관 시 최대 5일

크렘 디플로마트
냉장 보관 시 최대 2일

분사용 초콜릿
실온 보관 시 최대 7일

비스퀴 아 라 퀴이예르 루즈

흰자 63g
설탕 50g

노른자 55g

B
박력분 38g
옥수수 전분 38g

빨간색 식용 색소 적당량
미분당 적당량
• **총중량 244g**

1

HOW TO MAKE

1 믹서볼에 흰자를 넣고 설탕을 나누어 넣으며
   휘핑해 단단한 머랭을 만든다.
2 노른자를 넣고 부드럽게 섞다가 B를 체 쳐 넣고
   다시 한번 섞는다.
3 빨간색 식용 색소를 넣고 섞은 뒤 지름 7mm 원형
   깍지(802)를 낀 짤주머니에 반죽을 담아 지름 18㎝
   원형 2개를 짠다.
4 윗면에 미분당을 두 번 뿌린 뒤 180℃ 컨벡션
   오븐에서 바람 세기를 1로 낮추어 13~17분 동안
   굽고 식힌다.
   TIP 바람 세기 조절 기능이 없는 컨벡션 오븐을
   사용할 때는 오븐 온도를 15℃ 정도 낮추어 165℃로
   사용한다.

2

3-1

3-2

STEP 2

레드베리 콩포트

A
딸기 조각 150g
딸기 퓌레 30g
산딸기 퓌레 52g

B
설탕 60g
펙틴 NH 3g

산딸기 리큐르 3g
→ 보쥬 프랑보아즈
● **총중량 298g**

HOW TO MAKE

1 냄비에 A와 B를 넣고 섞은 뒤 95℃까지 가열한다.
2 산딸기 리큐르를 넣고 섞은 뒤 얼음물을 받쳐
   식히고 짤주머니에 담는다.
3 바깥지름 16㎝, 안지름 8㎝ 링 모양 실리콘
   몰드(실리코마트 KIT LADY QUEEN)에 넣고
   냉동고에서 굳힌다.

1

2

3

STEP 3

앙비베용 시럽

설탕 25g
물 25g

산딸기 리큐르 2g
→ 보쥬 프랑보아즈
● **총중량 52g**

HOW TO MAKE

1 냄비에 설탕과 물을 넣고 가열해 설탕을 녹인다.
2 불에서 내려 산딸기 리큐르를 넣고 섞은 뒤 식힌다.

크렘 디플로마트

우유 150g
노른자 35g

A
설탕 25g
옥수수 전분 15g

B
버터 15g
화이트초콜릿 35g

젤라틴 매스 28g
산딸기 리큐르 3g
→ 보쥬 프랑보아즈
휘핑한 생크림 185g
• **총중량 492g**

HOW TO MAKE

1 냄비에 우유와 노른자를 넣어 섞은 뒤 A를 넣고 섞는다.
2 거품기로 골고루 저으면서 85℃가 되고 되직해질 때까지
  가열한 뒤 불에서 내린다.
  TIP 반죽이 되직해지면 약 30초 동안 더 가열하고 불에서 내린다.
4 B, 젤라틴 매스, 산딸기 리큐르를 넣고 골고루 섞은 뒤 랩을
  밀착시키고 차갑게 식힌다.
5 부드럽게 푼 다음 90%까지 휘핑한 생크림에 넣고 부드럽게
  섞는다.

분사용 초콜릿

A
화이트초콜릿 100g
카카오버터 100g

빨간색 초콜릿용 식용 색소 4g
• **총중량 204g**

HOW TO MAKE

1 A를 약 40℃까지 녹인다.
2 빨간색 초콜릿용 식용 색소를 넣고 핸드블렌더를 사용해
  고르게 섞는다.

몽타주

초콜릿 장식물 **적당량**
딸기 **적당량**
미루아르 **적당량**
식용 금박 **적당량**

HOW TO MAKE

1 바깥지름 18㎝, 안지름 6㎝ 링 모양 실리콘
 몰드(실리코마트 KIT LADY QUEEN)에 크렘
 디플로마트를 40%까지 넣고 슈미제한다.

2 몰드에서 뺀 레드베리 콩포트를 넣은 뒤 남은 크렘
 디플로마트를 90~95%까지 넣고 윗면을 평평하게
 만든다.

3 비스퀴 아 라 퀴이예르 루즈의 가운데에 지름 7㎝
 원형으로 구멍을 뚫은 뒤 앙비베용 시럽을 바른다.

4 **2** 위에 **3**을 올리고 윗면을 평평하게 정리한 뒤
 냉동고에서 굳힌다.

5 몰드에서 뺀 뒤 겉면에 분사용 초콜릿을 뿌려
 코팅한다.

6 띠 모양 초콜릿 장식물을 두르고 가운데 구멍에
 딸기를 채운 뒤 미루아르를 바르고 식용 금박으로
 장식한다.

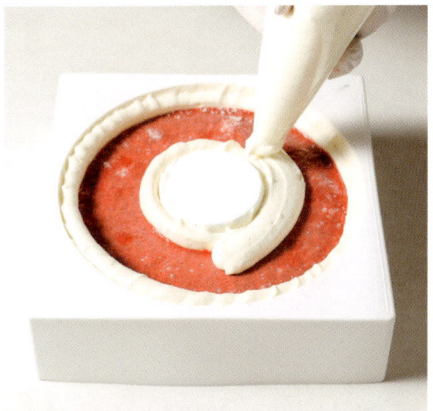

2

4

5

6

1

포레누아는 프랑스어로 '검은 숲'이라는 뜻의 대표적인 프랑스 케이크입니다. 초콜릿과 다크 체리를 사용하는 포레누아 특유의 구성은 유지하고 초콜릿 코포를 올리는 대신 겉면에 초콜릿 띠를 둘러 조금 더 깔끔한 모양으로 만들었습니다. 또 윗면에 뾰족한 모양을 낸 뒤 화이트초콜릿을 분사해 마치 흰 눈이 소복하게 내린 숲처럼 표현하고 코코아 파우더를 뿌려 장식했습니다.

Forêt-noire

04

포레누아

지름 15㎝ 원형 2개 분량

작업 순서&보관

비스퀴 쇼콜라
냉동 보관 시 최대 7일
↓
크렘 쇼콜라
냉동 보관 시 최대 5일
↓
다크 체리 콩포트
냉동 보관 시 최대 5일

→ 크렘 프로마주 마스카르포네
냉장 보관 시 최대 4일

분사용 초콜릿
실온 보관 시 최대 7일

비스퀴 쇼콜라

A
달걀 68g
노른자 48g

B
미분당 76g
아몬드 파우더 76g
블랙 코코아 파우더 19g
박력분 7g

흰자 76g
설탕 24g

C
버터 10g
다크초콜릿 15g
• **총중량 419g**

HOW TO MAKE

1 믹서볼에 A와 B를 넣고 섞은 뒤 약 26℃까지
너무 차갑지 않도록 열을 가하며 약 5분 동안
휘핑한다.

2 다른 믹서볼에 흰자와 설탕을 넣고 90%까지
휘핑해 부드러운 머랭을 만든다.

3 볼에 옮긴 **1**에 함께 녹인 C를 넣고 섞는다
(반죽 온도 25~27℃).

4 머랭을 넣고 부드럽게 섞는다.

5 30×40㎝ 베이킹팬에 평평하게 펼친 뒤 180℃
컨벡션 오븐에서 8~12분 동안 굽는다.

6 구운 뒤 바로 뒤집어 식히고 지름 15㎝
원형으로 자른다.

2

4

5

1

6

STEP 2

크렘 쇼콜라

A
생크림 144g
우유 81g
트리몰린 8.5g
노른자 75g
설탕 50g

B
다크초콜릿 69g
→ 발로나 에콰토리얼 55%
젤라틴 매스 27.5g

키르슈 2.5g
• **총중량 457.5g**

HOW TO MAKE

1 냄비에 A를 넣고 잘 섞은 뒤 약 70℃가 될 때까지 저으면서 가열한다.
2 B를 넣어 핸드블렌더로 유화시킨다.
3 바닥까지 확실히 섞은 뒤 키르슈를 넣고 섞는다.

1

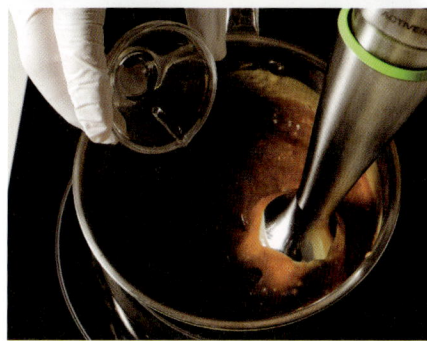

3

STEP 3

다크 체리 콩포트

A
다크 체리 100g
체리 퓌레 55g
레몬즙 15g

B
설탕 40g
펙틴 NH 2g

키르슈 2g
• **총중량 214g**

HOW TO MAKE

1 냄비에 A와 B를 넣고 중불로 약 90℃까지 가열한다.
   TIP 다크 체리는 통조림 또는 캘리포니아산(産) 제철 체리를 사용한다.
2 키르슈를 넣고 약 10초 동안 더 가열한 뒤 불에서 내려 얼음물 위에서 식힌다.
3 한쪽을 랩으로 감싼 지름 12㎝ 원형 타공틀에 넣은 뒤 윗면을 평평하게 만들어 냉동고에서 굳힌다.

2

3

STEP 4

크렘 프로마주 마스카르포네

A
생크림 350g
마스카르포네 75g
물엿 18g

B
화이트초콜릿 60g
젤라틴 매스 35g

바닐라 리큐르 4g
→ 디종 바닐라
• **총중량 542g**

2

HOW TO MAKE

1 냄비에 A를 넣고 약 70℃까지 가열한다.
2 계량컵에 B를 넣고 **1**을 부어 핸드블렌더로
   유화시킨다.
3 바닐라 리큐르를 넣어 섞은 뒤 볼에 옮겨 담고
   랩을 밀착시켜 냉장고에서 식힌다.

3

STEP 5

분사용 초콜릿

화이트초콜릿 100g
카카오버터 100g

흰색 초콜릿용 식용 색소 4g
• **총중량 204g**

HOW TO MAKE

1 화이트초콜릿과 카카오버터를 약 40℃까지
   녹인다.
2 흰색 초콜릿용 식용 색소를 넣고 핸드블렌더로
   섞는다.

STEP 6

1개 기준

몽타주

띠 모양 초콜릿 장식물 1개
코코아 파우더 **적당량**

HOW TO MAKE

1 지름 15㎝, 높이 4.5㎝ 무스케이크 틀 한쪽을 랩으로 감싼 뒤
   비스퀴 쇼콜라 한 장을 넣는다.

1

2

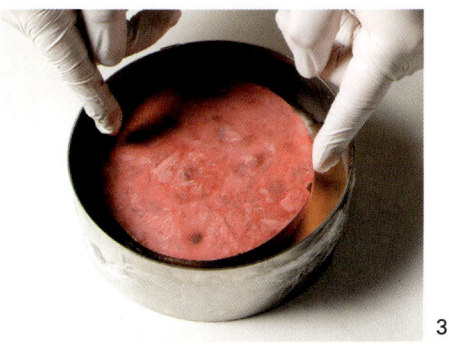

3

4

5

2 크렘 쇼콜라를 100~110g 정도 짜 넣는다.

   TIP 크렘 쇼콜라는 총 220g을 사용한다.

3 틀에서 뺀 다크 체리 콩포트를 중앙에 살짝 눌러 넣는다.

4 남은 크렘 쇼콜라를 넣는다.

5 비스퀴 쇼콜라 한 장을 살짝 눌러 넣은 뒤 냉동고에서 굳힌다.

6 부드럽게 휘핑한 크렘 프로마주 마스카르포네를 윗면이
   평평하게 채운다.

7 스패튤러를 사용해 남은 크렘 프로마주 마스카르포네로
   윗면에 모양을 낸 뒤 냉동고에서 굳힌다.

8 윗면에 분사용 초콜릿을 뿌린 뒤 틀을 제거한다.

9 옆면에 띠 모양 초콜릿 장식물을 두른 뒤 윗면에 코코아
   파우더를 뿌린다.

7

9

생토노레는 '성스러운 선물'이라는 뜻의 디저트로 19세기 마리 앙투아네트 여왕이 즐겨 먹어 한때 '여왕의 디저트'라 불리기도 했습니다. 달콤한 카라멜, 우도땅콩으로 만든 고소한 크림과 크럼블로 무게감은 더하고 자칫 텁텁하게 느껴질 수 있는 구성에 향긋하고 상큼한 베르가모트 오렌지를 조합해 균형을 맞추었습니다.

Saint-honoré à la cacahouète

05

땅콩 생토노레 | 생토노레 아 라 카카웻

지름 18㎝ 원형 2개 분량

작업 순서&보관

데트랑프	크라클랑	베르가모트 오렌지 콩피튀르
냉동 보관 시 최대 7일	냉동 보관 시 최대 7일	냉장 보관 시 최대 5일

접기용 버터	파트 아 슈	코팅용 카라멜
버터 유통 기한 참고	냉동 보관 시 최대 5일	실온 보관 시 최대 1일

푀이타주	가나슈 몽테 카카웻
냉동 보관 시 최대 7일	냉장 보관 시 최대 5일

땅콩 아몬드 프랄리네	크렘 파티시에 베르가모트
냉장 보관 시 최대 10일	냉장 보관 시 최대 2일

STEP 1

데트랑프

A
찬물 215g
소금 12g

강력분 375g
버터(실온) 50g
• **총중량 652g**

✎
HOW TO MAKE

1 믹서볼에 A, 강력분, 버터를 차례대로 넣고 비터로 믹싱한다.
2 반죽이 한 덩어리가 되면 작업대로 옮긴 뒤 원형으로 둥글리기한다.
3 십자(+)로 칼집을 낸 뒤 펼쳐 사각형을 만든다.
4 비닐 사이에 넣은 뒤 20×40㎝ 직사각형으로 밀어 펴고 냉동고에서 굳힌다.

1
2
3
4

STEP 2

접기용 버터 | 버터 180g

✎
HOW TO MAKE

1 비닐 사이에 버터를 넣고 20㎝ 정사각형으로 밀어 편 뒤 냉장고에 보관한다.

STEP 3

푀이타주

덧가루 **적당량**
미분당 **적당량**

✎
HOW TO MAKE

1 데트랑프 중앙에 접기용 버터를 올린 뒤 양쪽에 남은 반죽을 잘라 윗면에 올린다.
2 파이롤러 또는 밀대를 사용해 약 20×60㎝로 밀어 편 뒤 3절 접기 1회한다.
   TIP 필요에 따라 덧가루 적당량을 사용한다.
3 반죽에 냉기가 남아 있다면 반죽을 옆으로 돌린 뒤 3절 접기를 한 번 더 한다. 반죽에 냉기가
   사라졌다면 냉동고 또는 냉장고에서 다시 냉기가 돌 때까지 넣었다가 사용한다.
4 냉동고에서 15분 동안 보관한 뒤 냉장고로 옮겨 약 40분 동안 보관해 반죽을 단단하게 굳힌다.
5 윗면에 덧가루를 가볍게 뿌린 뒤 동일한 방법으로 3절 접기 2회한다.
6 냉동고에서 15분 동안 보관한 뒤 냉장고로 옮겨 약 40분 동안 보관해 반죽을 단단하게 굳힌다.
7 2.5㎜ 두께로 밀어편 뒤 피케하고 냉동고에 보관한다.
8 반죽의 위아래에 타공 매트를 깐 뒤 200℃ 컨벡션 오븐에서 약 15분 동안 굽는다.
9 많이 부풀었다면 베이킹팬 1장을 올린 뒤 10분 동안 더 굽는다.
10 윗면의 베이킹팬과 타공 매트를 제거한 뒤 윗면에 미분당을 가볍게 뿌리고 온도를 185℃로 낮춘
    오븐에 다시 넣어 약 10분 동안 구우면서 카라멜화한다.
11 오븐에서 뺀 뒤 지름 18㎝ 원형으로 자른다.

STEP 4

땅콩
아몬드
프랄리네

A
땅콩 120g
아몬드 35g

B
설탕 90g
물엿 30g
소금 1g

포도씨유 15g
얼그레이 찻잎 1g
• **총중량 292g**

✎
HOW TO MAKE

1 베이킹팬에 A를 펼쳐 넣고 160℃ 컨벡션
   오븐에서 약 10분 동안 굽는다.
2 냄비에 B를 넣고 약 200℃까지 가열해
   카라멜화한다.
3 1에 2를 골고루 부은 뒤 식혀 굳힌다.

1

2

4 **3**을 적당한 크기로 부순다.
5 푸드프로세서에 **4**, 포도씨유, 얼그레이 찻잎을 넣고 곱게 간다.

STEP 5

크라클랑

버터(실온) 50g
황설탕 64g
박력분 64g
땅콩 가루 9g
• **총중량 187g**

HOW TO MAKE

1 믹서볼에 모든 재료를 넣고 비터를 사용해 저속으로 믹싱한다.
2 뭉쳐지기 시작하면 중속으로 속도를 올려 약 10초 동안 믹싱해 반죽을 뭉친다.
3 실리콘 페이퍼 사이에 반죽을 넣고 2㎜ 두께로 밀어 펴 냉동고에서 굳힌다.

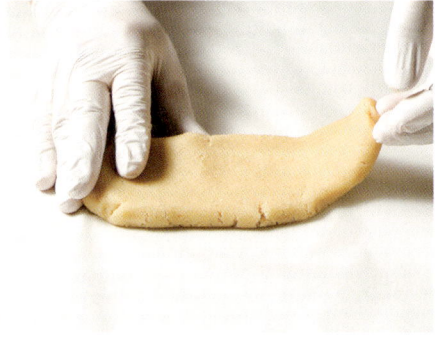

3

STEP 6

파트 아 슈

A
우유 63g
물 63g
소금 2g
설탕 4g
버터(실온) 63g

박력분 75g
달걀 140g
• **총중량 410g**

미분당 적당량

HOW TO MAKE

1 냄비에 A를 모두 넣어 버터가 녹고 끓을 때까지 가열한다.

1

3

5

7

8

2 불에서 내려 체 친 박력분을 넣고 거품기로 빠르게 섞는다.

3 다시 불에 올려 골고루 저으면서 반죽 온도가 78~81℃가 되고 냄비 바닥에 반죽이 더 이상 달라붙지 않을 때까지 가열한다.

4 믹서볼에 담아 비터를 사용해 중속으로 믹싱하며 반죽 온도를 약 40℃까지 식힌다.

5 저속으로 속도를 낮춘 뒤 달걀을 4~5번에 나누어 넣으며 섞는다.

6 상투과자 깍지(195K)를 낀 짤주머니에 반죽을 담은 뒤 바깥지름이 14㎝ 링 모양이 되도록 한 줄 짠다.

7 윗면에 미분당을 골고루 뿌린다.

8 남은 반죽을 지름 1㎝ 원형 깍지(804)를 낀 짤주머니에 담아 약 지름 2㎝ 원형으로 짜고 미분당을 뿌린다.

9 지름 2.7㎝ 원형으로 찍어낸 크라클랑을 **8** 위에 올린 뒤 5분 동안 냉장고에 보관해 차갑게 만든다.

10 170℃ 컨벡션 오븐에서 15~20분 동안 구우며 바닥색을 확인하고 오븐에서 빼 식힌다.

11 크라클랑을 올려 구운 슈 아래쪽에 작은 구멍을 뚫는다.

9

11

STEP 7

가나슈 몽테 카카웻

A
생크림 450g
물엿 22g
얼그레이 찻잎 1g

B
땅콩 아몬드 프랄리네 35g
화이트초콜릿 65g
젤라틴 매스 32g
· **총중량 605g**

HOW TO MAKE

1 냄비에 A를 넣고 약 70℃까지 가열한 뒤 랩을 덮어 우린다.
2 계량컵에 B를 넣고 **1**을 체에 걸러 넣은 뒤 핸드블렌더로
  유화시킨다.
3 볼에 옮겨 랩을 밀착시킨 뒤 냉장고에서 식힌다.

STEP 8

크렘 파티시에 베르가모트

A
우유 140g
노른자 56g
베르가모트 퓌레 100g
설탕 56g
옥수수 전분 18g

젤라틴 매스 14g
패션프루트 리큐르 2g
→ 디종 패션후르츠
· **총중량 386g**

HOW TO MAKE

1 냄비에 A를 넣어 잘 섞는다.
2 거품기로 잘 섞은 뒤 중약불로 저으면서 약 85℃까지 가열한다.
3 반죽이 되직해지면 약 20초 정도 더 저으며 가열한 뒤 불에서
  내린다.
4 젤라틴 매스와 패션프루트 리큐르를 넣고 섞은 뒤 볼에 옮겨
  랩을 밀착시키고 냉장고에 보관한다.

STEP 9

베르가모트 오렌지 콩피튀르

A
베르가모트 퓌레 80g
오렌지 과육(세그멍한 것) 45g

B
설탕 35g
펙틴 NH 1.5g
오렌지 리큐르 1g
→그랑 마니에르
• **총중량 162.5g**

HOW TO MAKE

1 냄비에 A와 B를 넣고 핸드블렌더로 갈아 섞는다.
2 중불에서 약 90℃까지 저으면서 가열한다.
3 불에서 내린 뒤 얼음물에 받쳐 식히고 짤주머니에
  담는다.

1

3

STEP 10

코팅용
카라멜

물 80g
물엿 50g
설탕 150g
• **총중량 280g**

HOW TO MAKE

1 냄비에 모든 재료를 넣고 가열해 설탕을 녹이고 카라멜화한 뒤
  식힌다.
  TIP 약 180℃까지 가열해 카라멜화한 뒤 140~145℃로 식히고
  코팅하기 위해 150~165℃까지 재가열한다.
2 작은 파트 아 슈의 윗면을 담갔다 빼 코팅한 뒤 뒤집어 굳힌다.

1

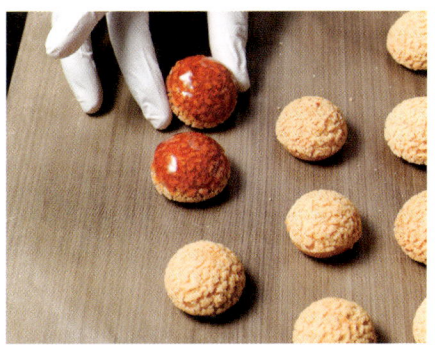
2

몽타주

| 땅콩 껍질 **적당량**

HOW TO MAKE

1 링 모양으로 구운 파트 아 슈 윗면에 구멍을
5~6개 뚫은 뒤 땅콩 아몬드 프랄리네를 짜
채운다.

2 푀이타주 위에 **1**을 올린 뒤 안쪽에 크렘
파티시에 베르가모트를 평평하게 짠다.

3 베르가모트 오렌지 콩피튀르 1/2을 넣고
스패튤러로 윗면을 평평하게 정리한다.

4 휘핑한 가나슈 몽테 카카웻을 평평하게
짜 넣는다.

5 윗면에 땅콩 아몬드 프랄리네를 조금 짜 얇게
펴바른다.

2

3

4

5

1

6

6 다시 한번 가나슈 몽테 카카웻을 짜 채운 뒤 윗면을 평평하게
정리한다.

7 코팅용 카라멜을 입힌 슈에 크렘 파티시에 베르가모트를 짜
넣는다.

8 6의 가장자리에 가나슈 몽테 카카웻을 짜서 7을 적당한
간격으로 붙인다.

9 시폰 깍지를 끼운 짤주머니에 남은 가나슈 몽테 카카웻을 담아
8의 사이사이와 윗면에 전체적으로 짠다.

10 중앙에 7 1개를 올린 뒤 땅콩 껍질로 장식한다.

7

8

9

앙트르메
Entremets Q&A

Q.01 여름에 생크림을 휘핑하면 휘핑이 잘 되지 않고 몽글몽글하게 뭉칩니다. 왜 그럴까요?

A. 생크림은 지방의 힘으로 공기가 포집됩니다. 아무래도 여름에는 유통 과정에서 높은 기온에 유출되기 쉬우므로 이로 인해 이수 현상이 발생하고 지방의 힘이 약해집니다. 생크림을 휘핑하기 전에 사용할 볼과 크림의 온도를 1~4℃ 정도로 최대한 차갑게 보관하고 볼 아래쪽에 얼음물을 받쳐 생크림의 온도가 최대한 높아지지 않도록 한 뒤 작업해 보세요. 휘핑할 때도 생크림의 온도를 7~10℃로 유지하는 것이 좋습니다.

Q.02 크렘 앙글레즈를 만들다가 달걀이 익어 버렸어요. 복구가 가능할까요?

A. 초보자가 흔히 하는 실수입니다. 먼저 버터크림에 사용하는 크렘 앙글레즈는 복구가 어렵습니다. 버터와 매끄럽게 유화되어야 하는데 노른자가 이미 익었다면 유화가 잘 되지 않으며 버터의 크림성으로 휘핑이 되더라도 고소하기보다는 느끼한 맛의 버터크림이 됩니다. 반면 크렘 앙글레즈를 활용하는 바바루아나 무스를 만드는 경우는 핸드블렌더를 사용해 초콜릿, 젤라틴, 버터 등과 함께 고속으로 갈아 섞으면 유화가 이루어지기도 합니다. 하지만 이것은 어디까지나 차선책이고 원칙적으로는 크렘 앙글레즈를 실수 없이 잘 만드는 것이 중요합니다. 중약불에서 바닥에 눌어붙지 않도록 잘 저으면서 만들어 보세요.

Q.03 가나슈 몽테를 미리 만들어 숙성시켜야 했는데 깜박 잊고 만들지 못했습니다. 당일에 만들어 사용할 수는 없나요?

A. 먼저 가나슈 몽테는 '숙성시킨다'라고 하기보다는 만들 때 넣은 재료들이 잘 섞이고 휘핑할 때 조금 더 안정성을 가지도록 냉장고에서 '휴지시킨다'라고 하는 것이 더 적절할 것 같습니다. 다시 말해 가열한 수분(생크림)과 지방(초콜릿), 응고제(젤라틴)를 함께 유화시킨 뒤 차갑게 식히고 굳혀야 휘핑이 가능한 상태가 됩니다. 하지만 크림이 급하게 필요하다면 절반의 생크림만 가열해 초콜릿, 응고제와 유화시킵니다. 그리고 남은 절반의 차가운 생크림을 넣어 섞은 뒤 얼음물 위에서 빠르게 식히고 냉동고에서 7℃ 이하가 될 때까지 보관한 다음 휘핑하면 바로 사용할 수 있습니다. 다만 휴지가 충분히 이루어지지 않아 크림이 비교적 묽고 안정성이 떨어져 몽글몽글한 상태가 될 수 있습니다.

Q.04 초콜릿 샹티이 크림과 가나슈 몽테의 차이가 궁금합니다.

A. 초콜릿 샹티이 크림은 가열한 생크림에 초콜릿을 넣어 녹이고 유화시킨 뒤 다시 차갑게 식혀 휘핑하는 크림으로 샹티이 크림의 일종이라 할 수 있습니다. 가나슈 몽테 크림은 생크림의 수분과 초콜릿의 유분을 섞을 때의 불안정함을 조금 더 보완해 주기 위해 젤라틴이나 펙틴 등 보완제 역할을 하는 재료를 추가해 만드는 크림입니다. 그만큼 초콜릿의 양을 조금 더 늘릴 수 있어 초콜릿 함량이 높은 편입니다.

Q.05 카카오버터에 색을 내고 싶은데 색소를 어느 정도 섞어야 할까요?

A. 색소의 종류에 따라 차이가 있지만 보통 카카오버터 양의 4~7% 사용을 추천합니다. 최대 10%까지 첨가해 사용할 수 있으며 수용성 색소는 유화가 되지 않아 아예 섞이지 않기 때문에 반드시 지용성 색소 또는 초콜릿용 색소를 사용해야 합니다.

Q.06 냉장고에 초콜릿 코팅한 제품을 보관하면 시간이 지나면서 겉면에 물방울이 생깁니다. 왜 그럴까요?

A. 초콜릿은 주성분이 지방이기 때문에 수분과는 상반되는 성질을 가집니다. 냉장고 내부 습도가 평균 70%이기 때문에 수분 결정이 생길 수 있는데 이때 초콜릿 속으로 수분이 이동할 수 없어 겉면에 맺혀 있게 되는 것이지요. 다만 초콜릿 함량이 18% 이하인 글라사주의 경우에는 제품 내부로 수분 이동이 가능해 수분이 잘 맺히지 않습니다. 만약 글라사주 제품 겉면에 수분이 맺혔다면 이수 현상일 가능성이 높습니다.

Q.07 제누아즈를 구운 뒤 뒤집어 놓는 이유는 무엇인가요?

A. 제누아즈는 오븐에서 꺼낸 뒤에도 내부에 수분이 남아 있는데 갓 구운 제누아즈의 크럼은 매우 부드러운 상태이기 때문에 수분이 빠져나가지 못하면 무거운 수분에 의해 주저앉습니다. 제누아즈가 가라앉지 않게 하기 위해서는 제누아즈를 오븐에서 꺼낸 뒤 바닥에 내리쳐 그 충격에 의해 내부의 수분이 빠져나가도록 하고 뒤집어 식혀서 남은 수분은 서서히 빠져나가도록 하는 것입니다.

Q.08 제과는 설거짓거리가 너무 많아요.

A. 제과에서는 설탕과 같은 당 성분이나 버터와 같은 지방 성분이 포함된 재료를 많이 사용하다 보니 설거지 또한 힘든 작업 중 하나입니다. 계량을 할 때 사용하는 용기 등을 최대한 줄여 보세요. 밀가루와 베이킹파우더 등의 가루류 또는 우유와 생크림 등의 수분류를 한꺼번에 투입해도 된다면 함께 계량하는 방식으로 설거짓거리를 줄일 수 있습니다. 이 책에서는 함께 계량해도 되는 재료들을 A, B, C 등으로 묶어 표기했습니다.

PETITS GÂTEAUX

Pavlova fraise . Paris-brest choco
Mont-blanc . Mille-feuille au citr
Plaquemine bien mûr . Pécan co
Vérine thé noir et pamplemousse

딸기 파블로바
몽블랑
바나나 캐러멜
피칸 코냑

쑥 레몬 밀푀유
자몽 얼그레이 베린
홍시
통카 초콜릿 파리브레스트

X

Tonka

armoise

ac

Partie4 | 프티 가토

일반적으로 떠올리는 파블로바에 변화를 주고 싶어 색다른 모양으로 만들어
본 딸기 파블로바입니다. 얇게 펼쳐 구워 한층 더 바삭한 프렌치 머랭과
딸기의 상큼함에 달콤한 가나슈 몽테 바니이를 더해 모든 구성 요소가
입 안에서 부드럽게 어우러지도록 했습니다. 여기에 딸기즙으로 만든 젤리를
올려 화려함을 더했습니다.

Pavlova fraise

01

딸기 파블로바 | 파블로바 프레즈

지름 8㎝ 원통형 8개 분량

작업 순서&보관

프렌치 머랭
제습제 포함 실온 보관 시 최대 5일
↓
즐레 드 프레즈
냉장 보관 시 최대 5일
↓
딸기 콩포트
냉장 보관 시 최대 2일
↓
가나슈 몽테 바니이
냉장 보관 시 최대 5일

프렌치 머랭

흰자 75g
설탕 75g
레몬즙 4g
미분당 80g
● **총중량 234g**

HOW TO MAKE

1 믹서볼에 흰자, 설탕, 레몬즙을 넣고 휘핑해
  단단한 머랭을 만든다.
2 미분당을 체 쳐 넣고 부드럽게 섞는다.
3 실리콘 패드 위에 0.3㎝ 각봉을 2개 놓은 다음
  그 사이에 높이 4.5㎝, 길이 26㎝ 띠 모양
  유산지를 두고 그 위에 머랭을 밀어 편다.
4 조심스럽게 유산지를 들어 올린 뒤 머랭이
  바깥쪽을 향하도록 하고 지름 8㎝, 높이 4.5㎝
  무스케이크 틀을 감싼다.

2

3

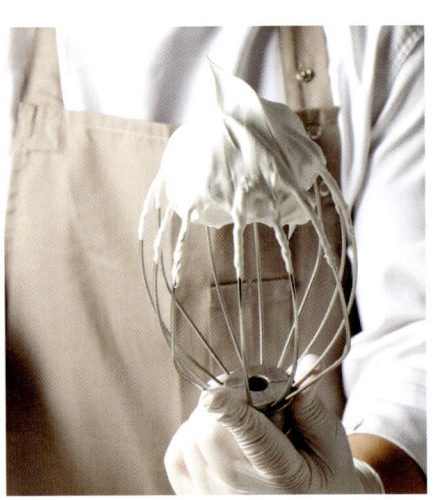

1

4

5 88℃ 컨벡션 오븐에서 바람 세기를 1로 낮추어 최소
  3시간 동안 말린다. 무스케이크 틀을 감싼 유산지와 틀은
  중간에 제거한다. 남은 머랭은 평평하게 펼치거나 지름 8㎝
  원형으로 짠 뒤 동일한 온도에서 말려 바닥으로 사용한다.
  TIP 컨벡션 오븐의 바람이 너무 강하면 머랭이 날아갈 수
  있어 바람 세기 조절 기능이 있는 경우 약하게 하여 사용하는
  것이 좋다. 머랭은 바로 사용하지 않을 경우 밀폐 용기에 습기
  제거제와 함께 넣어 보관한다.

5

STEP 2

즐레 드 프레즈

딸기즙 100g
레몬즙 20g
설탕 35g
한천가루 2g
산딸기 리큐르 2g
→ 보쥬 프랑보아즈

● **총중량 159g**

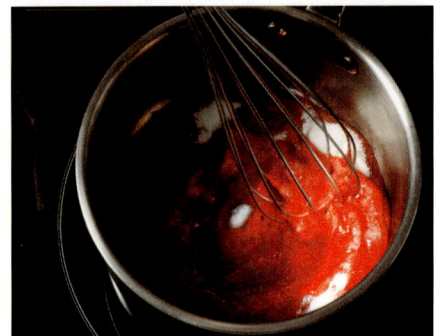

1

HOW TO MAKE

1 냄비에 산딸기 리큐르를 제외한 나머지 재료를
  넣고 거품기로 섞은 뒤 저으면서 끓인다.

2 불을 끄고 산딸기 리큐르를 넣어 섞은 뒤 랩으로
  감싼 트레이에 부어 균일한 두께가 되도록 펼치고
  완전히 굳힌다.

3 주사위 모양으로 자른다.

2

3

STEP 3

딸기 콩포트

A
딸기 퓌레 55g
꿀 5g

B
설탕 45g
펙틴 NH 3g

딸기 과육 150g
● **총중량 258g**

HOW TO MAKE

1 냄비에 A와 B를 넣고 중약불에서 저으면서 90℃까지
  가열한다.
2 농도를 확인한 뒤 불에서 내리고 얼음물을 받쳐 식힌다.
3 주사위 모양으로 자른 딸기 과육을 넣어 가볍게 섞는다.

2

3

STEP 4

가나슈 몽테 바니이

A
생크림 200g
우유 25g
트리몰린 7g
바닐라 빈 1개

B
화이트초콜릿 35g
젤라틴 매스 14g
● **총중량 282g**

HOW TO MAKE

1 냄비에 A를 넣고 약 70℃까지 가열한 뒤 랩으로 감싸
  10분 동안 향을 우린다.
2 계량컵에 B와 체에 거른 **1**을 넣고 핸드블렌더로
  유화시킨다.
3 볼에 옮겨 담고 랩을 밀착시켜 냉장고에서 12시간 동안
  휴지시킨다.

1

2

몽타주

| 딸기 **적당량**
| 식용 허브(타임) **적당량**
| 식용 금박 **적당량**

HOW TO MAKE

1 바닥용으로 말린 프렌치 머랭을 지름 7㎝ 원형으로
   잘라 무스케이크 틀에 둘러 말린 프렌치 머랭
   안쪽에 넣는다.
2 휘핑한 가나슈 몽테 바니이를 50%까지 넣어
   옆면과 바닥에 슈미제한다.
3 중앙에 딸기 콩포트 7~10g을 넣은 뒤 가나슈 몽테
   바니이를 평평하게 채운다.
4 윗면에 남은 가나슈 몽테 바니이를 조금 짜고 딸기
   조각을 올린 뒤 미루아르를 바른다.
5 즐레 드 프레즈를 군데군데 놓고 식용 허브와 식용
   금박을 올려 장식한다.

2

3

4

5

몽블랑은 프랑스와 이탈리아에 걸쳐 있는 같은 이름의 산을 형상화한 디저트로 높이 쌓아올린 밤 크림이 봉긋하게 솟은 산 모양을 닮았습니다. 밤과 꾸덕한 마스카르포네 크림이 자칫 텁텁하게 느껴질 수도 있어 카시스 콩피튀르로 새콤함을 더했습니다. 여기에 구운 머랭의 달콤함과 바삭한 식감이 어우러져 다채로운 맛을 즐길 수 있습니다.

Mont-blanc

02

몽블랑

지름 8㎝ 산 모양 4개 분량

작업 순서&보관

밤 프렌치 머랭
제습제 포함 실온 보관 시 최대 5일
↓
콩피튀르 카시스 누아
냉장 보관 시 최대 5일
↓
크렘 마롱
냉장 보관 시 최대 4일

크렘 마스카르포네
냉장 보관 시 최대 5일
↓
비스퀴 모엘루 마롱
냉동 보관 시 최대 7일

밤 프렌치 머랭

A
흰자 75g
설탕 75g
레몬즙 4g

B
미분당 80g
건조 밤가루 12g

• **총중량 246g**

미분당 **적당량**

HOW TO MAKE

1 믹서볼에 A를 넣고 휘핑해 단단한 머랭을
   만든다.

2 B를 체 쳐 넣고 부드럽게 섞은 뒤 지름 1cm
   원형 깍지(804)를 낀 짤주머니에 담는다.

3 지름 8cm 원형으로 짠 뒤 윗면에 미분당을
   뿌린다.

4 95℃ 컨벡션 오븐에서 바람 세기를 1로 낮춰
   최소 3시간 동안 굽는다.
   TIP 컨벡션 오븐의 바람이 너무 강하면 머랭이
   날아갈 수 있어 바람 세기 조절 기능이 있는 경우
   약하게 하여 사용하는 것이 좋다. 머랭은 바로
   사용하지 않을 경우 밀폐 용기에 제습제와 함께
   넣어 보관한다.

STEP 2

콩피튀르 카시스 누아

A
카시스 퓌레 50g
냉동 블루베리 17.5g

B
설탕 20g
펙틴 NH 1g

키르슈 1g
→ 디종 키르쉬
● **총중량 89.5g**

HOW TO MAKE

1 냄비에 A와 B를 넣고 섞은 뒤 저으면서 끓인다.
2 불에서 내려 키르슈를 넣고 섞은 뒤 핸드블렌더로
　간다.
3 다시 불에 올려 저으면서 90℃까지 가열해 농도를
　확인하고 얼음물을 받쳐 식힌다.
4 지름 3cm 반구형 실리콘 몰드(실리코마트 sf535)에
　평평하게 채운 뒤 냉동고에서 얼린다.

1

2

3

4

STEP 3

크렘 마롱

마롱 페이스트 150g
생크림 25g
버터(실온) 50g
마롱 퓌레 100g

럼 4g
→ 네그리타 다크럼
• **총중량 329g**

2

HOW TO MAKE

1 믹서볼에 마롱 페이스트와 생크림을 넣고 비터를 사용해 덩어리가 없어질 때까지 믹싱한다.
2 버터와 마롱 퓌레를 넣고 믹싱한다.
3 모든 재료가 골고루 섞이면 럼을 넣고 고속으로 섞는다.
   TIP 과하게 휘핑할 경우 몽블랑 깍지에 넣고 짤 때 끊길 수 있어 주의한다.

3

STEP 4

약 5개 분량

크렘 마스카르포네

1제품당 약 75g 사용

A
생크림 100g
트리몰린 7.5g

B
마스카르포네 60g
화이트초콜릿 22.5g
젤라틴 매스 15g
바닐라 리큐르 1g
→ 디종 바닐라
• **총중량 206g**

HOW TO MAKE

1 A를 약 70℃까지 가열한 뒤 계량컵에 B와 함께 넣는다.
2 핸드블렌더로 유화시킨 뒤 랩을 밀착시키고 냉장고에 보관한다.
3 부드럽게 휘핑해 사용한다.

1

2

지름 3.5㎝ 65개

비스퀴 모엘루 마롱

A
아몬드 파우더 100g
미분당 100g
건조 밤가루 20g

B
달걀 130g
노른자 30g

C
박력분 45g
베이킹파우더 3g

버터 50g
● **총중량 478g**

HOW TO MAKE

1 믹서볼에 체 친 A와 B를 넣고 열풍기로 볼을
  데우면서 약 5분 동안 휘핑한다.
2 C를 체 쳐 넣고 주걱으로 섞는다.
3 약 40℃로 녹인 버터를 넣고 바닥까지 골고루 섞는다.
4 30×40㎝ 철팬에 반죽을 평평하게 밀어 편 뒤 170℃
  컨벡션 오븐에서 10~13분 동안 굽는다.
5 구움색을 보고 오븐에서 뺀 뒤 바로 뒤집어 놓는다.
6 지름 3.5㎝ 원형으로 자른 뒤 냉동고에 보관한다.

2

3

1

4

STEP 6

몽타주

보닉밤 **적당량**
데코스노우 **적당량**
미루아르 **적당량**
식용 금박 **적당량**

HOW TO MAKE

1 지름 4.5cm, 높이 4.8cm 바바 모양 실리콘
  몰드(실리코마트 SF020)에 크렘 마스카르포네를
  약 20%까지 넣은 뒤 중앙에 보닉밤 조각을 넣는다.

2 크렘 마스카르포네를 50%까지 짠 뒤 슈미제한다.

3 중앙에 몰드에서 빼 구 모양으로 2개를 이어 붙인
  콩피튀르 카시스 누아를 넣는다.
  TIP 콩피튀르 카시스 누아 사이에 크렘
  마스카르포네를 조금 짜서 구 모양으로 붙인다.

4 크렘 마스카르포네를 약 90%까지 넣은 뒤 비스퀴
  모엘루 마롱을 올린다.

5 윗면을 평평하게 정리한 뒤 냉동고에서 완전히
  굳힌다.

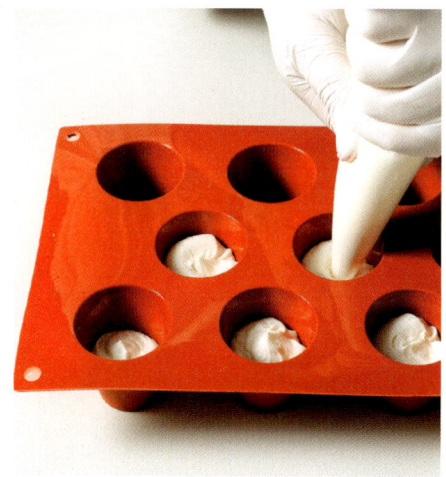

2

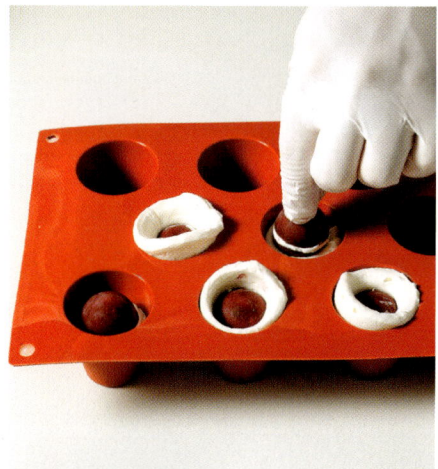

3

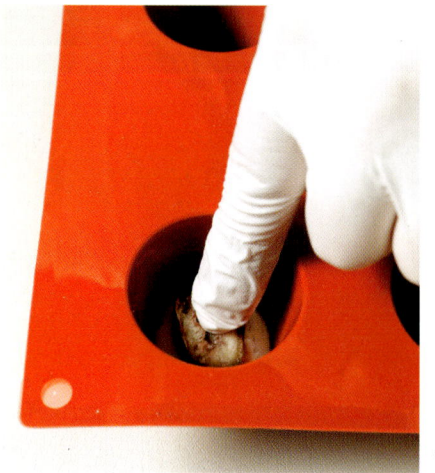

1

4

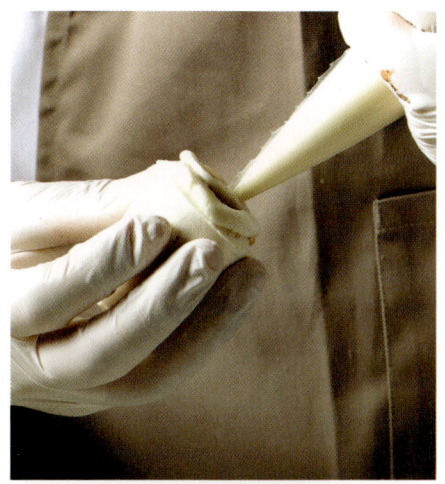

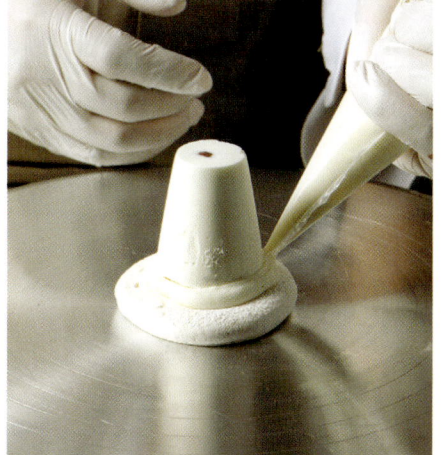

6 몰드에서 뺀 **5**의 아랫면에 크렘 마스카르포네를 짠 뒤
밤 프렌치 머랭 위에 올려 붙인다.

7 남은 크렘 마스카르포네를 이어 붙인 부분에 한 바퀴 돌려
짠다.

8 몽블랑용 깍지를 끼운 짤주머니에 크렘 마롱을 담아
아래쪽부터 위쪽으로 두르며 짠다.

9 데코스노우를 살짝 뿌린 뒤 미루아르를 바른 보늬밤을
올리고 식용 금박으로 장식한다.

바나나에 달콤한 초콜릿과 쌉싸름한 카라멜을 더해 남녀노소 누구나 좋아할 만한 조합의 프티 가토를 만들었습니다. 바나나는 제철이 없는 열대 과일이기 때문에 사시사철 언제나 쉽게 구할 수 있어 활용하기가 매우 용이합니다. 층층이 쌓여 있는 구성 요소를 각각 먹어도 좋지만 한입에 모두 넣어 먹으면 한층 더 맛있는 맛의 조화를 경험할 수 있습니다.

Caramel-banane

03

바나나 캐러멜 | 카라멜 바난

12㎝ 정사각형 2개(6㎝ 정사각형 8개) 분량

| 작업 순서&보관 |

비스퀴 조콩드 쇼콜라
냉동 보관 시 최대 5일
↓
카라멜 무
냉장 보관 시 최대 5일
↓
바나나 패션 콩포트
냉장 보관 시 최대 3일

→ **무스 카라멜**
냉장 보관 시 최대 3일
↓
카라멜 크레뫼
냉장 보관 시 최대 3일
↓
카라멜 가루
제습제 포함 실온 보관 시 5일

STEP 1

비스퀴 조콩드 쇼콜라

A
달걀 68g
노른자 48g

B
미분당 76g
아몬드파우더 76g
블랙 코코아 파우더 15g
박력분 8g

흰자 76g
설탕 24g

C
버터 10g
다크초콜릿 15g

• **총중량 416g**

HOW TO MAKE

1 믹서볼에 A와 B를 넣고 섞은 뒤 열풍기로 열을
  가하며 약 5분 동안 휘핑한다.
2 다른 믹서볼에 흰자와 설탕을 넣고 휘핑해
  부드러운 머랭을 만든다.
3 1에 함께 녹인 C를 넣고 섞는다(반죽 온도
  25~27℃).
4 머랭을 넣고 부드럽게 섞는다.
5 유산지를 깐 30×40㎝ 베이킹팬에 평평하게 펼쳐
  넣고 180℃ 컨벡션 오븐에서 9~12분 동안 굽는다.
6 바로 뒤집어 식힌 뒤 유산지를 제거하고 12㎝
  정사각형 무스케이크 틀로 찍어 낸다.

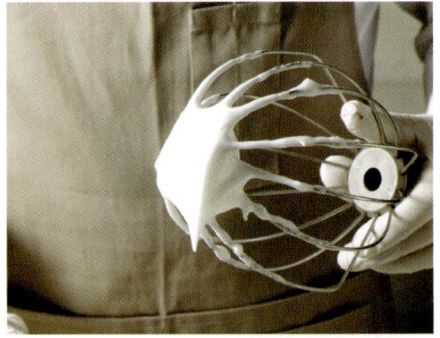

2

6

STEP 2

카라멜 무

A
설탕 30g
물엿 30g

생크림 120g
버터 11g
• **총중량 191g**

HOW TO MAKE

1 냄비에 A를 넣고 약불로 가열해 카라멜화한다.
2 불을 끈 뒤 80℃ 이상으로 가열한 생크림을 **1**에 나누어 넣으며 섞는다.
3 다시 불을 켜 109℃까지 저으면서 가열하고 버터를 넣고 섞은 다음 불에서 내린다.
4 40℃까지 식힌 뒤 짤주머니에 담는다.

1

3

STEP 3

바나나 패션 콩포트

A
바나나 슬라이스 90g
패션프루트 퓌레 45g

B
황설탕 38g
펙틴 NH 0.7g

패션프루트 리큐르 2g
→ 디종 패션후르츠
다진 바나나 45g
• **총중량 220.7g**

1

HOW TO MAKE

1 냄비에 A와 B를 넣고 주걱으로 섞은 뒤 핸드블렌더로 간다.
   TIP 바나나는 잘 익은 것을 사용한다.
2 중약불에서 약 88℃까지 저으면서 가열한 뒤 패션프루트 리큐르를 넣고 섞는다.
3 얼음물을 받쳐 30℃까지 식힌 뒤 주사위 모양으로 자른 바나나를 넣고 부드럽게 섞어 짤주머니에 담는다.

3

STEP 4
무스 카라멜

A
생크림 120g
바닐라 빈 0.5개
소금 1g

설탕 45g

B
젤라틴 매스 16g
밀크초콜릿 25g

휘핑한 생크림 190g
• **총중량 397.5g**

HOW TO MAKE

1 A를 가열한 뒤 바닐라 빈의 향을 우린다.
2 냄비에 설탕을 넣고 약불로 가열해
  카라멜화한다.
3 다시 80℃까지 가열한 **1**을 카라멜에 여러 번
  나누어 넣으며 빠르게 섞는다.
4 다시 불에 올려 결정이 없어질 때까지 저으면서
  102℃까지 가열한 뒤 70℃까지 식힌다.
5 계량컵에 B와 **4**를 넣고 핸드블렌더로
  유화시킨다.
6 볼에 옮겨 약 25℃까지 식힌 뒤 80%까지
  휘핑한 생크림을 넣고 부드럽게 섞는다.

3

5

6

카라멜 크레뫼

설탕 45g

A
생크림 120g
소금 1g

노른자 35g

B
젤라틴 매스 9g
다크초콜릿 19g
• **총중량 229g**

HOW TO MAKE

1 냄비에 설탕을 넣고 중불로 가열해 카라멜화한다.
2 불을 끈 뒤 80℃ 이상으로 가열한 A를 **1**에 나누어
 넣으며 섞고 덩어리가 없어질 때까지 다시 불에
 올려 저으면서 약 90℃까지 가열한다.
3 카라멜 온도를 75℃까지 식힌 뒤 노른자를 넣고
 섞는다.
4 계량컵에 B와 **3**을 넣고 핸드블렌더로 유화시킨다.

1

2

3

4

STEP 6

카라멜 가루

| 설탕 100g

/
HOW TO MAKE

1 냄비에 설탕을 나누어 넣으며 녹인 뒤 약 220℃가 될 때까지
   가열해 카라멜화한다.
2 테프론 시트를 깐 베이킹팬에 카라멜을 부어 굳힌다.
3 푸드프로세서에 넣고 간다.
   TIP 밀폐 용기에 보관 시 제습제와 함께 넣어야 덩어리지지
   않는다.

1

2

3

STEP 7

1개 기준

몽타주

| 바나나 적당량

/
HOW TO MAKE

1 길이 12㎝, 높이 4.5㎝ 정사각형 무스케이크 틀에 비스퀴
   조콩드 쇼콜라 한 장을 넣는다.

1

2

3

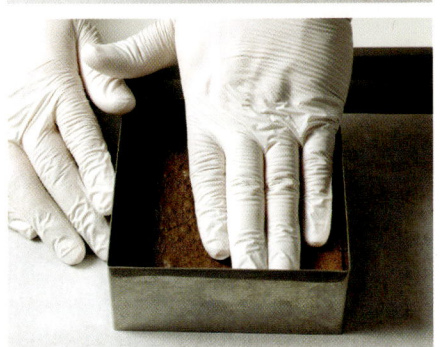

4

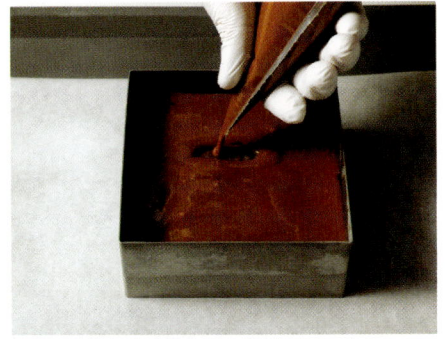

5

2 카라멜 무 80g을 부은 뒤 윗면을 평평하게 만들고 살짝 굳힌다.

3 바나나 패션 콩포트 약 110g을 짜 넣고 윗면을 평평하게 만든다.

4 비스퀴 한 장을 올려 평평하게 누른 뒤 냉동고에서 굳힌다.

5 카라멜 크레뫼 약 110g을 평평하게 넣고 냉동고에서 굳힌다.

6 무스 카라멜을 채운 뒤 윗면을 평평하게 다듬고 냉동고에서 굳힌다.

7 틀에서 뺀 뒤 네 조각으로 자른다.

8 약 1㎝ 두께로 자른 바나나를 윗면에 빈틈이 없게 채운다.

9 카라멜 가루를 뿌린 뒤 카라멜 인두 등으로 열을 가해 윗면을 카라멜라이징한다.

7

8

9

피칸과 코냑은 궁합이 매우 좋은 재료로 알려져 있어 제과에서도 다양한
방법으로 활용하고 있습니다. '피칸 코냑'이라는 이름에서 유추할 수 있듯
피칸을 모든 구성 요소에 넣어 고소한 맛을 배가시키고 곳곳에 코냑을 더해
깊은 풍미를 느낄 수 있습니다. 진한 커피 또는 코냑을 곁들여 어른들을
위한 달콤한 디저트를 즐겨 보세요.

Pécan cognac

04

피칸 코냑 | 페캉 코냐크

7.6×6.1×2.5㎝ 직사각형 6개 분량

작업 순서&보관

피칸 프랄리네
냉장 보관 시 최대 [7일]
↓
비스퀴 팽 드 젠 피칸
냉동 보관 시 최대 [5일]
↓
피칸 코냑 크레뫼
냉장 보관 시 최대 [3일]
↓
피칸 크럼블
냉동 보관 시 최대 [5일]

→ **피칸 크루스티앙**
냉동 보관 시 최대 [5일]
↓
바닐라 피칸 무스
냉장 보관 시 최대 [3일]
↓
분사용 초콜릿
실온 보관 시 최대 [5일]

STEP 1

피칸
프랄리네

피칸 120g

A
물 30g
설탕 120g

B
식용유 10g
코냑 5g
→ 헤네시

• **총중량 285g**

HOW TO MAKE

1 피칸을 베이킹팬에 펼쳐 넣고 160℃ 컨벡션 오븐에서 약 13분 동안 구운 뒤 식힌다.
2 냄비에 물과 설탕을 넣고 115℃까지 가열한다.
3 불을 끈 **2**에 **1**의 피칸을 넣고 설탕 결정이 생길 때까지 섞는다.
4 다시 불을 켠 뒤 카라멜화하고 피칸에 카라멜을 골고루 입힌 뒤 테프론시트를 깐 베이킹팬에 펼쳐 식힌다.
5 푸드프로세서에 넣고 약 10초 동안 간 다음 식용유와 코냑을 넣고 원하는 되기가 될 때까지 간다.

   TIP 식용유와 코냑을 넣기 전 피칸 크럼블에 사용할 피칸 카라멜 가루 15g을 따로 빼 둔다. 갈면서 반죽의 온도가 55℃ 이상이 되지 않도록 주의한다.

6 짤주머니 또는 진공백에 담아 보관한다.

STEP 2

30~35개 분량

비스퀴 팽 드 젠 피칸

A
아몬드 파우더 70g
미분당 70g

B
달걀 84g
노른자 21g

C
박력분 31.5g
베이킹파우더 1.5g

D
녹인 버터 28g
피칸 프랄리네 21g

• **총중량 327g**

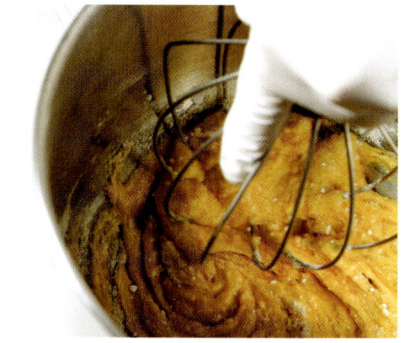

1

3

HOW TO MAKE

1 믹서볼에 체 친 A와 B를 넣고 섞는다.
2 거품기로 약 26℃가 될 때까지 열풍기로 데우면서 고속으로 5분 정도 휘핑한다.
3 C를 체 쳐 넣고 주걱으로 빠르게 섞는다.

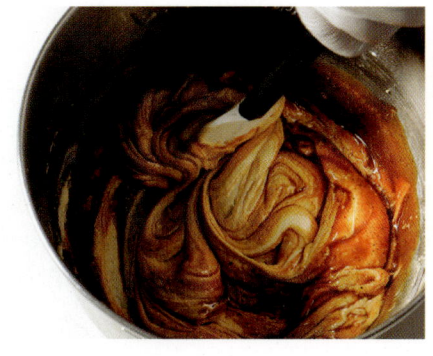

4-1

4-2

4 D를 넣고 섞은 뒤 유산지를 깐 30×40cm 베이킹팬에 평평하게 펼쳐 넣는다.

5 175℃ 컨벡션 오븐에서 8~10분 동안 구우며 구움색을 확인하고 오븐에서 빼 식힌다.

6 4×5cm 직사각형으로 자른 뒤 밀폐 용기에 넣어 냉동고에 보관한다.

STEP 3

8개 분량

피칸 코냑 크레뫼

A
생크림 77g
트리몰린 3.5g
노른자 28g
설탕 17.5g

코냑 5g
→ 헤네시

B
블론드 초콜릿 20g
→ 발로나 둘세, 35%
피칸 프랄리네 9g
젤라틴 매스 7g
• **총중량 162g**

2

HOW TO MAKE

1 냄비에 A를 넣고 섞은 다음 저으면서 85℃까지
가열한다.

2 코냑을 넣고 섞는다.

3 계량컵에 B와 **2**를 넣고 핸드블렌더로 유화시킨다.

4 가운데 홈이 있는 높이 1.3cm, 3.8cm 정사각형
실리콘 몰드(실리코마트 SF177)에 채운 뒤
냉동고에서 굳힌다.

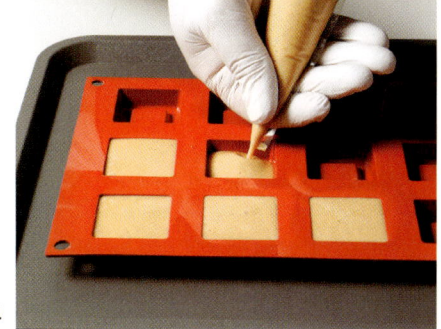

4

STEP 4

피칸 크럼블

버터 50g

A
황설탕 45g
박력분 78g
블랙 코코아 파우더 8g

피칸 카라멜 가루 15g
달걀 6g
• **총중량 202g**

HOW TO MAKE

1 믹서볼에 버터와 A를 넣고 비터로 버터 덩어리가
없어질 때까지 믹싱한다.

2 피칸 카라멜 가루와 달걀을 넣고 믹싱해
약 0.5cm 크기의 크럼블을 만든다.
TIP 피칸 카라멜 가루는 피칸 프랄리네를 만들 때
식용유와 코냑을 넣기 전 간 상태의 것을 사용한다.

3 유산지를 깐 베이킹팬에 넓게 펼친 뒤
냉동고에서 10분 동안 보관해 차갑게 만든다.

4 170℃ 컨벡션 오븐에서 약 10분 동안 구운 뒤
식힌다.

1

2

3

STEP 5

25개 분량

피칸 크루스티양

블론드 초콜릿 40g

→ 발로나 둘세, 35%

카카오버터 5g

피칸 크럼블 80g

• **총중량 125g**

1

HOW TO MAKE

1 볼에 블론드 초콜릿과 카카오버터를 넣고 약
   40℃까지 데워 녹인다.

2 작게 부순 피칸 크럼블을 넣고 섞는다.

3 실리콘 페이퍼 사이에 넣고 2㎜ 두께로 밀어 편 뒤
   냉동고에서 굳힌다.

4 4×5㎝ 직사각형으로 자른다.

2

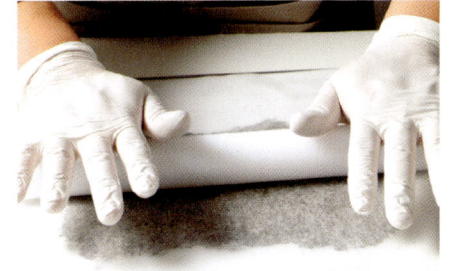

3

4

STEP 6

바닐라 피칸 무스

A
생크림 150g
트리몰린 6g
바닐라 빈 0.5개

B
설탕 32g
옥수수 전분 6g

C
코냑 4g
→ 헤네시

피칸 프랄리네 43g
젤라틴 매스 32g

휘핑한 생크림 173g
• **총중량 446g**

2

4

5

HOW TO MAKE

1 냄비에 A를 넣고 약 50℃까지 가열한 뒤 랩으로
  덮어 향을 우린다.
2 체에 걸러 바닐라 빈의 깍지를 제거한 **1**에 B를 넣고
  골고루 섞는다.
3 다시 냄비에 옮겨 약 80℃가 될 때까지 전분이
  충분히 호화되도록 저으면서 가열한다.
4 C를 넣고 골고루 섞은 뒤 25℃가 될 때까지 식힌다.
5 80%까지 휘핑한 생크림을 넣고 부드럽게 섞는다.

STEP 7

분사용 초콜릿

블론드 초콜릿 80g
→ 발로나 둘세, 35%

카카오버터 70g
• **총중량 150g**

HOW TO MAKE

1 모든 재료를 녹인 뒤 잘 섞어 약 40℃로 사용한다.

STEP 8 ───────────

몽타주

피칸 카라멜리제 6개

HOW TO MAKE

1 몰드에서 뺀 피칸 코냑 크레뫼의 가운데 홈에 피칸
   프랄리네를 짜 채우고 냉동고에서 굳힌다.

2 바닐라 피칸 무스를 짤주머니에 담아 7.6×6.1×2.5㎝
   액자 모양 실리콘 몰드(Silmaé 012710)에 50%까지 넣고
   슈미제한다.

3 중앙에 **1**을 눌러 넣은 뒤 피칸 코냑 크레뫼로 살짝 덮는다.

4 비스퀴 팽 드 젠 피칸을 살짝 눌러 올린 뒤 남은 피칸 코냑
   크레뫼를 짜고 스페튤러로 윗면을 평평하게 다듬는다.

5 피칸 크루스티양을 올린 뒤 냉동고에서 완전히 얼린다.

6 몰드에서 뺀 뒤 분사용 초콜릿을 뿌려 코팅한다.

7 가운데 홈에 피칸 프랄리네를 채우고 피칸 카라멜리제
   1개를 올려 장식한다.

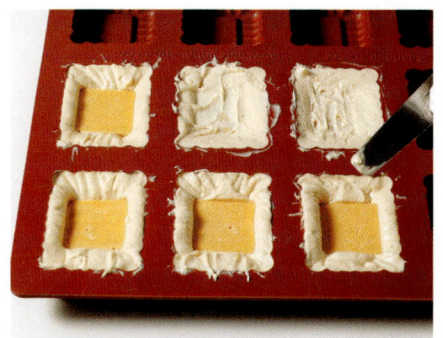

3

4

5

1

6

2

'천 겹의 나뭇잎'이라는 뜻의 밀푀유(mille-feuille)는 데트랑프 사이에 겹겹이 끼어 있는 버터로 인해 반죽이 고온에서 튀겨지듯이 구워져 바삭한 식감을 즐길 수 있는 디저트입니다. 레몬, 패션프루트 등 새콤한 과일과 쑥으로 만든 부드러운 크림의 조합이 다소 강하고 거칠게 느껴질 수 있는 푀이타주의 식감과 잘 어우러집니다.

Mille-feuille au citron armoise

05

쑥 레몬 밀푀유 │ 밀푀유 오 시트롱 아르므와즈

지름 7㎝ 원형 5개 분량

작업 순서&보관	데트랑프 냉동 보관 시 최대 7일	크렘 바바루아 쑥 냉장 보관 시 최대 3일
	↓	↓
	접기용 버터 버터 유통 기한 참고	크렘 시트롱 냉동 보관 시 최대 5일
	↓	↓
	푀이타주 냉동 보관 시 최대 7일	망고 패션 콩포트 냉장 보관 시 최대 3일

데트랑프

A
소금 12g
찬물 215g

강력분 375g
버터 50g
• **총중량 652g**

HOW TO MAKE

1 믹서볼에 A, 강력분, 버터를 차례대로 넣고 비터로 믹싱한다.
2 반죽이 한 덩어리가 되면 작업대로 옮긴 뒤 원형으로
  둥글리기한다.
3 십자(+)로 칼집을 낸 뒤 펼쳐 사각형을 만든다.
4 비닐 사이에 넣은 뒤 20×40㎝ 직사각형으로 밀어 펴고
  냉동고에서 굳힌다.

1

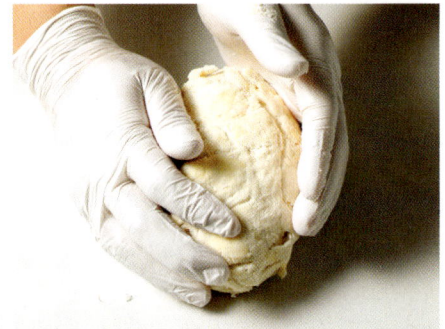

2

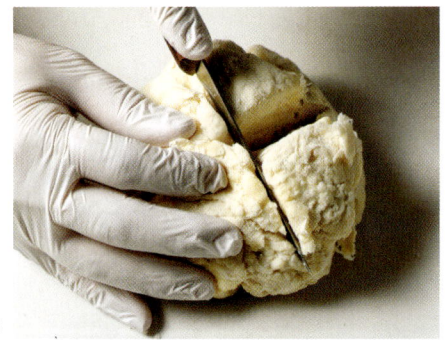

3

STEP 2

접기용 버터

버터 180g

HOW TO MAKE

1 비닐 사이에 버터를 넣고 20㎝ 정사각형으로
  밀어 편 뒤 냉장고에 보관한다.

4

STEP 3

푀이타주

덧가루 **적당량**
미분당 **적당량**

HOW TO MAKE

1 데트랑프 중앙에 접기용 버터를 올린 뒤 양쪽에 남은 반죽을 잘라 윗면에 올린다.

2 파이롤러 또는 밀대를 사용해 약 20×60㎝로 밀어 편 뒤 3절 접기 1회한다.
　TIP 필요에 따라 덧가루 적당량을 사용한다.

3 반죽에 냉기가 남아있다면 반죽을 옆으로 돌린 뒤 3절 접기를 한 번 더 한다. 반죽에 냉기가 사라졌다면 냉동고 또는 냉장고에서 다시 냉기가 돌 때까지 넣었다가 사용한다.

4 냉동고에서 15분 동안 보관한 뒤 냉장고로 옮겨 약 40분 동안 보관해 반죽을 단단하게 굳힌다.

5 윗면에 덧가루를 가볍게 뿌린 뒤 동일한 방법으로 3절 접기 2회한다.

6 냉동고에서 15분 동안 보관한 뒤 냉장고로 옮겨 약 40분 동안 보관해 반죽을 단단하게 굳힌다.

7 2㎜ 두께로 밀어편 뒤 피케하고 냉동고에 보관한다.

8 반죽을 4×24.5㎝ 직사각형으로 자른다.

9 지름 7㎝, 높이 4.5㎝ 원형 무스케이크 틀 겉면에 틀 크기에 맞추어 자른 유산지를 두른 뒤 **8**의 반죽을 둘러 붙인다.

10 바깥쪽에 지름 8㎝ 원형 타공틀을 중앙을 맞추어 놓는다.

11 냉동고에서 약 20분 동안 두어 차갑게 식힌 뒤 윗면에 타공매트, 팬을 차례대로 올린다.

12 190℃ 컨벡션 오븐에서 약 15분 동안 구움색을 확인하며 굽는다.

13 앞뒤를 바꿔 7분 동안 더 구운 뒤 틀을 제거하고 미분당을 뿌린다.

14 온도를 200℃로 올린 뒤 바람 세기를 1로 낮추어 카라멜화가 될 때까지 구운 다음 식힌다.
　TIP 컨벡션 오븐의 바람이 강할 경우 제품이 날아갈 수 있어 바람의 세기를 낮추거나 제품이 고정되도록 조치를 취하는 것이 좋다.

8

9

10

크렘 바바루아 쑥

A
생크림 50g
우유 50g
노른자 25g

B
설탕 24g
쑥가루 5g

C
화이트초콜릿 27g
젤라틴 매스 25g

생크림 100g
● **총중량 306g**

HOW TO MAKE

1 냄비에 A와 B를 넣고 섞은 뒤 약 85℃까지
  저으면서 가열해 크렘 앙글레즈를 만든다.
2 계량컵에 C와 **1**을 넣은 뒤 핸드블렌더로
  유화시킨다.
3 볼에 옮기고 얼음물을 받쳐 약 25℃로 식힌다.
4 휘핑한 생크림을 넣고 부드럽게 섞는다.

1

2

3

4

STEP 5

크렘 시트롱

A
레몬즙 55g
레몬 제스트 0.5개 분량

달걀 11g

B
설탕 10g
옥수수 전분 1.5g
펙틴 NH 0.5g
● **총중량 78g**

HOW TO MAKE

1 냄비에 A와 달걀을 넣고 약 60℃가 될 때까지
　저으면서 가열한다.

2 B를 넣고 약 85℃까지 저으면서 가열해 크렘
　시트롱을 만든다.

3 얼음물을 받쳐 약 30℃까지 식힌 뒤 지름 3㎝
　반구형 실리콘 몰드(실리코마트 SF006)에
　평평하게 채워 넣는다.

4 냉동고에 넣어 단단하게 굳힌다.

1

2

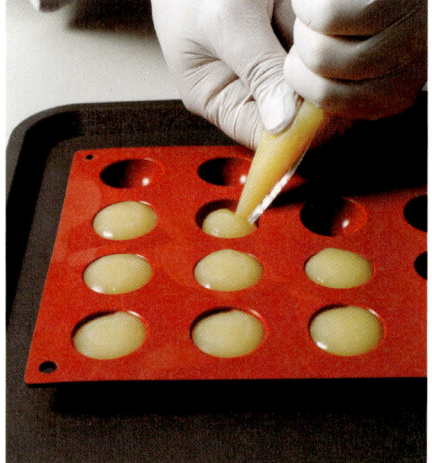

3

망고 패션 콩포트

A
패션프루트 퓌레 35g
망고 퓌레 50g

B
설탕 25g
펙틴 NH 1g

패션프루트 리큐르 2g
→ 디종 패션후르츠
망고 과육 50g
• **총중량 163g**

HOW TO MAKE

1 냄비에 A와 B를 넣고 섞은 뒤 약 92℃까지
    저으면서 가열한다.
2 불에서 내려 패션프루트 리큐르를 넣고 섞는다.
3 작은 주사위 모양으로 자른 망고 과육을 넣어
    섞는다.
4 얼음물을 받쳐 약 30℃까지 식힌 뒤 지름
    3㎝ 반구형 실리콘 몰드(실리코마트 SF006)에
    평평하게 채워 넣는다.
    TIP 사용할 개수(5개)만 채우고 남은 망고 패션
    콩포트는 몽타주에 사용하기 위해 남겨 둔다.
5 냉동고에 넣어 단단하게 굳힌다.

1

2

3

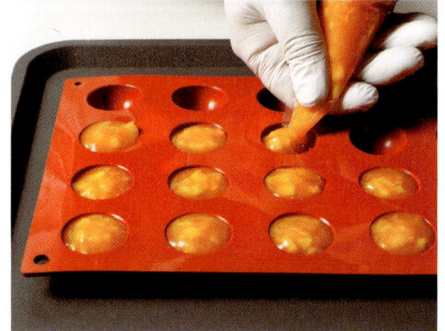
4

몽타주

| 미루아르 **적당량** |
| 초콜릿 장식물 **적당량** |
| 식용 금박 **적당량** |

HOW TO MAKE

1 푀이타주 안쪽에 크렘 바바루아 쑥을 약 40%까지 넣고 슈미제한다.

2 몰드에서 뺀 크렘 시트롱과 망고 패션 콩포트에 크렘 바바루아 쑥을 조금 짜 구형으로 붙인 뒤 **1**의 중앙에 넣는다.

3 남은 크렘 바바루아 쑥을 90%까지 넣은 뒤 윗면을 평평하게 정리해 냉동고에서 완전히 굳힌다.

4 윗면에 남은 망고 패션 콩포트 약 22g을 봉긋하게 채운다.

5 미루아르를 짠 뒤 초콜릿 장식물과 식용 금박으로 장식한다.

1-2

2

3

1-1

4

얼그레이에서 느낄 수 있는 베르가모트의 향긋함과 자몽의 조합이 돋보이는 자몽 얼그레이 베린입니다. 자몽의 새콤하면서 쌉싸래한 맛을 달콤한 크림과 제누아즈가 부드럽게 보완해 주면서 맛과 향 모두 어우러지도록 구성했습니다. 위에서 바닥까지 한 번에 푹 떠서 즐겨 보세요.

Vérine thé noir et pamplemousse

06

자몽 얼그레이 베린 | 베린 테 누아 에 펑플러무스

지름 7㎝, 높이 6㎝ 컵 5개 분량

작업 순서＆보관

얼그레이 제누아즈
냉동 보관 시 최대 5일
↓
자몽 얼그레이 콩피튀르
냉장 보관 시 최대 3일
↓
얼그레이 가나슈 몽테
냉장 보관 시 최대 5일
↓
자몽 시럽
냉장 보관 시 최대 3일

얼그레이 제누아즈

달걀 133g

A
설탕 72g
소금 1g

꿀 5g

B
박력분 66g
얼그레이 찻잎 가루 1.2g

C
우유 12g
녹인 버터 24g
• **총중량 314.2g**

HOW TO MAKE

1 믹서볼에 달걀, A, 꿀을 넣고 중탕으로 약 45℃가
   될 때까지 데운 뒤 거품기를 사용해 중속으로
   휘핑한다(반죽 온도 25~27℃).

2 B를 체 쳐 넣고 부드럽게 섞는다.
   TIP 얼그레이 찻잎 가루는 얼그레이 찻잎을
   푸드프로세서로 곱게 갈아 사용한다.

3 C에 반죽의 일부를 넣어 애벌섞기 한 뒤 남은 반죽에
   넣고 골고루 섞는다.

4 유산지를 깐 지름 15㎝ 원형 케이크(1호) 틀에
   반죽을 넣는다.

5 165℃ 컨벡션 오븐에서 바람 세기를 1로 낮추어
   30~33분 동안 굽는다.
   TIP 윗면을 만졌을 때 껍질이 느껴져야 한다.

6 틀에서 뺀 뒤 식힘망 위에서 뒤집어 식힌다.

7 높이 1.5㎝로 슬라이스한 뒤 지름 5㎝ 원형 커터로
   찍어 내고 밀폐 용기에 담아 냉동고에 보관한다.

1

2

4

7

STEP 2

자몽 얼그레이 콩피튀르

A
자몽 과육 150g
레몬즙 10g
자몽 제스트 0.8g

B
설탕 40g
펙틴 NH 1.8g

얼그레이 찻잎 가루 0.4g
● 총중량 203g

1

HOW TO MAKE

1 냄비에 모든 재료를 넣고 핸드블렌더로 섞는다.
  TIP 얼그레이 찻잎 가루는 얼그레이 찻잎을 푸드프로세서로 갈아
  사용한다.
2 중불에서 저으면서 약 89℃까지 가열한다.
3 농도를 확인한 뒤 얼음물을 받쳐 식힌다.

3

STEP 3

얼그레이 가나슈 몽테

A
생크림 230g
자몽즙 70g
트리몰린 6g
얼그레이 찻잎 4g

B
화이트초콜릿 43g
젤라틴 매스 17g
● 총중량 370g

HOW TO MAKE

1 냄비에 A를 넣고 약 80℃까지 가열한 뒤 랩을 덮어 향을 우린다.
  TIP 얼그레이 찻잎은 찻잎 거름망에 담아 사용하면 편하다.
2 계량컵에 B를 넣고 **1**을 체에 걸러 부은 뒤 핸드블렌더로
  유화시킨다.
  TIP 얼그레이 찻잎은 최대한 꾹꾹 눌러 수분을 뺀다.
3 랩을 밀착시킨 뒤 냉장고에 보관했다가 휘핑해 사용한다.

1

2

STEP 4

자몽 시럽

A
물 50g
설탕 50g
자몽 껍질 0.3개 분량

자몽 리큐르 3g
• **총중량 103g**

HOW TO MAKE

1 냄비에 A를 넣고 끓인다.
2 불에서 내려 자몽 리큐르를 넣고 섞은 뒤 식힌다.

STEP 5

몽타주

자몽 과육 25조각
미분당 **적당량**
얼그레이 찻잎 가루 **적당량**

HOW TO MAKE

1 얼그레이 제누아즈에 자몽 시럽을 가볍게 발라 적신다.
2 지름 7cm, 높이 6cm 컵 바닥 모서리 쪽에 얼그레이 가나슈 몽테를 한 바퀴 짜고 가운데에 **1**을 한 장 넣는다.
3 세그멍한 자몽 과육 세 조각을 둘러 넣는다.

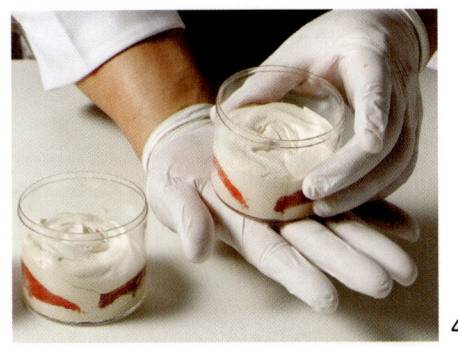

4 얼그레이 가나슈 몽테를 50%까지 평평하게 짜 넣은 뒤 바닥을 쳐 내부에 빈 공간이 없도록 만들고 냉장고에서 굳힌다.

5 자몽 얼그레이 콩피튀르를 60~65%까지 짜 넣은 뒤 얼그레이 가나슈 몽테로 덮는다.

6 **1**을 한 장 살짝 눌러 넣고 얼그레이 가나슈 몽테를 평평하게 채운다.

7 남은 자몽 과육에 미분당을 뿌린 뒤 토치로 그을려 카라멜화한다.

8 남은 얼그레이 가나슈 몽테를 윗면 한 쪽에 올린 뒤 **7**을 두 조각 옆에 놓는다.

9 얼그레이 찻잎 가루를 뿌려 장식한다.

4

5

7

6

9

어릴 적 할아버지 댁 뒷마당에 감나무 한 그루가 있었는데 추석날이 다가오면 할아버지는 감을 따서 미리 아랫목에 놓아 두고 손주가 놀러 오기만을 기다리셨습니다. 말랑말랑하게 잘 익은 감에 약간의 계핏가루를 뿌려 주셨는데 그때 먹었던 홍시가 세상에서 제일 맛있었습니다. 그때의 기억을 되살려 홍시라는 제품을 만들었습니다. 제품을 통해 어렸을 때 느꼈던 따스함을 전하고 싶습니다.

Plaquemine bien mûr

07

홍시 | 플라크민 비앙 뮈르

지름 6.2㎝ 구형 8개 분량

작업 순서&보관	비스퀴 다쿠아즈 시나몬	볶은 현미 크루스티양
	냉동 보관 시 최대 5일	냉동 보관 시 최대 3일
	↓	↓
	홍시 콩피튀르	투명 미루아르
	냉장 보관 시 최대 3일	냉장 보관 시 최대 5일
	↓	↓
	시나몬 크레뫼	초콜릿 플라스틱
	냉장 보관 시 최대 3일	실온 보관 시 최대 4일
	↓	
	크렘 가나슈 몽테 홍시	
	냉장 보관 시 최대 5일	

비스퀴
다쿠아즈
시나몬

흰자 113g
설탕 33g

A
아몬드 파우더 52g
미분당 52g
박력분 2g
시나몬 파우더 1g

• **총중량 253g**

미분당 적당량

HOW TO MAKE

1 믹서볼에 흰자와 설탕을 넣고 휘핑해 단단한 머랭을 만든다.

2 A를 체 쳐 넣고 섞는다.

3 지름 1㎝ 원형 깍지(804)를 낀 짤주머니에 반죽을 담아
유산지를 깐 베이킹팬에 지름 5㎝ 달팽이 모양으로 짠다.

4 윗면에 미분당을 두 번 뿌린 뒤 165℃ 컨벡션 오븐에서 약
10분 동안 구움색을 확인하며 굽는다.

홍시 콩피튀르

A
홍시 과육 125g
레몬즙 5g
물 15g

B
설탕 28g
펙틴 NH 1.2g

럼 1g
→ 네그리타 오리지널
• **총중량 175.2g**

HOW TO MAKE

1 냄비에 A와 B를 넣고 핸드블렌더로 갈아 섞는다.
   TIP 홍시는 껍질과 씨를 제거하고 과육만 사용한다.

2 중불로 약 87℃가 될 때까지 저으면서 가열한다.

3 럼을 넣고 섞은 뒤 얼음물을 받쳐
   약 40℃까지 식힌다.

4 지름 3.2㎝ 구형 실리콘 몰드(실리코마트
   SF172)에 채운 뒤 냉동고에서 굳힌다.

1

3

4

시나몬 크레뫼

A
생크림 90g
우유 35g

노른자 28g

B
설탕 26g
시나몬 파우더 2g

C
화이트초콜릿 22g
젤라틴 매스 12g
• **총중량 215g**

HOW TO MAKE

1 냄비에 A와 노른자를 넣고 섞는다.
2 B를 넣고 섞은 뒤 중약불에서 약 70℃가 될 때까지
  저으면서 가열한다.
3 계량컵에 C와 2를 넣은 뒤 핸드블렌더로
  유화시킨다.
4 지름 4㎝ 구형 실리콘 몰드(실리코마트 SF258)에
  50%까지 넣는다.
5 몰드에서 뺀 홍시 콩피튀르를 눌러 넣는다.
6 남은 시나몬 크레뫼를 평평하게 채운 뒤
  냉동고에서 굳힌다.

3

4

5

2

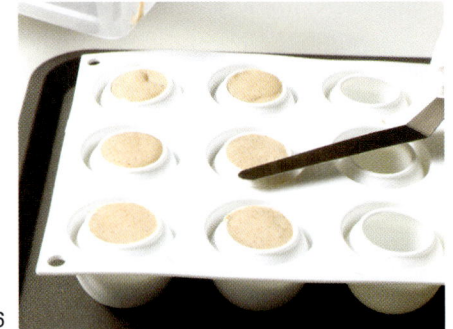

6

STEP 4

크렘 가나슈 몽테 홍시

A
홍시 과육 180g
생크림 460g
물엿 30g
시나몬 스틱 3cm 2개

B
화이트초콜릿 76g
젤라틴 매스 42g
• **총중량 788g**

HOW TO MAKE

1 냄비에 A를 넣고 70℃까지 가열한 뒤 랩을 덮어 향을 우리고
   시나몬 스틱을 건져 낸다.
2 계량컵에 B와 **1**을 넣고 핸드블렌더로 유화시킨다.
3 체에 걸러 볼에 담고 랩을 밀착시켜 냉장고에서 완전히
   식힌다.

STEP 5

볶은 현미 크루스티앙

8개 분량

A
화이트초콜릿 35g
카카오버터 2g

B
볶은 현미 80g
시나몬 파우더 0.3g
• **총중량 117.3g**

HOW TO MAKE

1 볼에 A를 넣고 약 40℃까지 녹인 뒤 B를 넣어 섞는다.
2 지름 6cm 원형 쿠키 커터에 약 14g을 넣고 평평하게 편 뒤
   냉장고에서 굳힌다.

STEP 6

투명 미루아르

A
나파주 300g
→ 발로나 압솔뤼 크리스탈 글레이즈
물 61g
설탕 13g
주황색 식용 색소 **적당량**

젤라틴 매스 19g
● **총중량 393g**

✏ HOW TO MAKE

1 냄비에 A를 넣고 약불에서 저으면서 가열해 덩어리를 없앤다.
2 계량컵에 젤라틴 매스와 **1**을 넣은 뒤 핸드블렌더로 섞는다.
3 랩을 밀착시켜 냉장고에서 완전히 식힌다.
4 전자레인지에 넣어 30℃까지 데운 뒤 기포를 제거한다.

1

2

STEP 7

초콜릿 플라스틱

다크초콜릿 125g
초록색 초콜릿용 식용 색소 **적당량**
물엿 40g
● **총중량 165g**

✏ HOW TO MAKE

1 다크초콜릿을 약 40℃까지 녹인 뒤 초록색 초콜릿용 식용 색소를 넣고 섞는다.
2 40℃로 데운 물엿을 넣고 한 덩어리가 될 때까지 섞는다.
3 랩 사이에 넣고 평평하게 펼친 뒤 실온에서 굳힌다.
4 부드러워질 때까지 손으로 주무른 뒤 평평하게 밀어 펴고 틀로 찍어 내 홍시 꼭지 모양을 만든다.

2

4

STEP 8

몽타주

HOW TO MAKE

1 지름 6.2cm 구형 실리콘 몰드(실리코마트 SF192)에 휘핑한 크렘 가나슈 몽테 홍시를 약 50%까지 넣고 슈미제한다.

2 중앙에 몰드에서 뺀 시나몬 크레뫼를 눌러 넣고 윗면을 정리한다.

TIP 몰드의 90%까지 차지 않았을 경우 남은 크렘 가나슈 몽테 홍시를 더 넣은 뒤 윗면을 정리한다.

3 윗면에 지름 4cm 원형으로 자른 비스퀴 다쿠아즈 시나몬을 올린 뒤 윗면을 평평하게 정리해 냉동고에서 완전히 굳힌다.

4 몰드에서 빼고 그릴 위에 올린 뒤 투명 미루아르를 부어 코팅한다.

5 바닥면을 정리한 뒤 볶은 현미 크루스티양 위에 올린다.

6 홍시 꼭지 모양 초콜릿 플라스틱을 올려 장식한다.

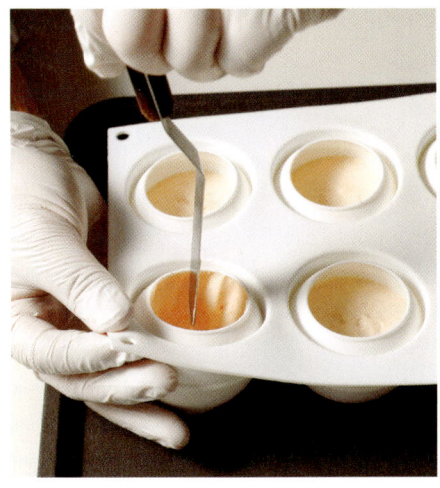

파리브레스트는 파리에서 브레스트라는 지명의 지역까지 이어지는 프랑스의 자전거 대회 '투르 드 프랑스'를 기념하기 위해 만든 디저트입니다. 파리 브레스트의 모양은 유지하면서 몽슈와의 스타일을 표현한 제품으로 검은 색이 다소 투박해 보일 수 있지만 쌉싸름한 카카오 닙과 통카의 은은한 향이 어우러져 기분 좋은 달콤함을 선사합니다.

Paris-brest chocolat Tonka

08

통카 초콜릿 파리브레스트 │ 파리브레스트 쇼콜라 통카

지름 7㎝ 링 모양 6개 분량

작업 순서&보관		
크라클랑 쇼콜라 닙스 냉동 보관 시 최대 5일	→	**크렘 무슬린 쇼콜라** 냉동 보관 시 최대 5일
↓		↓
파트 아 슈 쇼콜라 냉동 보관 시 최대 5일		**가나슈 쇼콜라** 냉장 보관 시 최대 5일
↓		↓
카카오 닙 크리스탈리제 냉동 보관 시 최대 5일	→	**쇼콜라 글라세** 냉장 보관 시 최대 3일

STEP 1

크라클랑 쇼콜라 닙스

버터(실온) 50g
황설탕 64g
박력분 52g
블랙 코코아 파우더 16g
카카오 닙 분태 4g
• **총중량 186g**

2

HOW TO MAKE

1 믹서볼에 모든 재료를 넣고 저속으로 한 덩어리가
  될 때까지 믹싱한다.
  TIP 카카오 닙은 밀대 등으로 부수어 사용한다.

2 실리콘 페이퍼 사이에 넣어 2mm 두께로 밀어 편 뒤
  냉동고에서 굳힌다.

3 지름 7.5cm 원형으로 찍어낸 뒤 가운데에 0.6cm
  원형으로 구멍을 뚫는다.

3

STEP 2

12개 분량

파트 아 슈 쇼콜라

A	**B**
우유 50g	박력분 50g
물 50g	블랙 코코아 파우더 9.5g
소금 1.7g	
설탕 4g	달걀 110g
버터(실온) 54g	• **총중량 329.2g**
	미분당 적당량

1

HOW TO MAKE

1 냄비에 A를 넣어 버터가 녹고 끓을 때까지 가열한다.
2 불에서 내린 뒤 체 친 B를 넣고 빠르게 섞는다.

2

3

4

5

6

3 거품기로 저으면서 냄비 바닥에 반죽이 더 이상 달라붙지 않을 때까지 가열한다(반죽 온도 78~80℃).

4 불에서 내려 반죽을 믹서볼에 옮겨 담은 뒤 비터를 사용해 중속으로 반죽 온도가 약 40℃가 될 때까지 믹싱한다.

5 저속으로 속도를 낮추고 달걀을 여러 번 나누어 넣으며 믹싱한다.

6 상투과자 깍지(867K)를 낀 짤주머니에 25~27℃ 반죽을 담아 지름 7㎝ 링 모양으로 짠다.

7 윗면에 물과 미분당을 차례대로 뿌린다.

8 크라클랑 쇼콜라 닙스를 올린 뒤 170℃ 컨벡션 오븐에서 20~26분 동안 굽는다.

7

8

STEP 3

카카오 닙 크리스탈리제

A
물 5g
설탕 20g

카카오 닙 25g
• **총중량 50g**

HOW TO MAKE

1 냄비에 A를 넣고 118℃까지 가열한다.
2 카카오 닙을 넣고 설탕이 결정화될 때까지 골고루 저으면서 가열한다.
3 트레이 등에 펼쳐 식힌다.

STEP 4

크렘 무슬린 쇼콜라

A
우유 300g
통카 빈 가루 1개 분량

설탕 56g
옥수수 전분 18g
노른자 56g
다크초콜릿 94g
→ 발로나 에콰토리얼, 55%
버터(실온) 190g
• **총중량 714g**

HOW TO MAKE

1 냄비에 A와 약간의 설탕을 넣고 가열한 뒤 랩을 덮어 약 10분 동안 향을 우린다.
2 남은 설탕과 옥수수 전분을 섞은 뒤 볼에 노른자와 함께 넣고 색이 밝아질 때까지 거품기로 섞는다.

3

4

5

6

3 **2**에 **1**을 넣어 섞는다.

4 체에 걸러 다시 냄비에 넣는다.

5 저으면서 되직해질 때까지 가열하고 되직해지면 약 20초 동안 더 저으면서 가열한 뒤 불에서 내린다.

6 다크초콜릿을 넣고 완전히 유화시킨 뒤 볼에 옮겨 담아 랩을 밀착시키고 20℃까지 식힌다.

7 믹서볼에 넣고 거품기로 부드럽게 푼 뒤 버터를 여러 번 나누어 넣으며 휘핑한다.

8 상투과자 깍지(867K)를 낀 짤주머니에 담는다.

7

STEP 5

12개 분량

가나슈 쇼콜라

A
생크림 100g
우유 20g
물엿 9g

B
다크초콜릿 85g
→ 발로나 과나하, 70%
버터 12g
• **총중량 226g**

HOW TO MAKE

1 A를 70℃까지 데운 뒤 B를 담은 계량컵에 부어
   핸드블렌더로 유화시킨다.
2 짤주머니에 담아 실온에 보관한다.

1

STEP 6

쇼콜라 글라세

A
미분당 150g
블랙 코코아 파우더 12g

물 50g
카카오 닙 분태 5g
• **총중량 217g**

HOW TO MAKE

1 볼에 체 친 A와 나머지 재료를 모두 넣고 골고루 섞는다.

1

STEP 7

1개 기준

몽타주

다크초콜릿 **적당량**
식용 금박 **적당량**

HOW TO MAKE

1 파트 아 슈 쇼콜라를 가로로 반을 자른 뒤 윗면을 원형 틀로
   찍어 모양을 정리한다.

1

2

2 붓으로 **1**의 윗면에 쇼콜라 글라세를 얇게 바른다.

3 180℃ 컨벡션 오븐에서 2분 동안 구운 뒤 식혀 광택을 낸다.

4 파트 아 슈 쇼콜라 아랫면 안쪽에 가나슈 쇼콜라를 세 바퀴 정도(약 9g) 짠다.

5 카카오 닙 크리스탈리제를 골고루 뿌린다.

6 크렘 무슬린 쇼콜라를 두 바퀴(약 60g) 짠 뒤 가나슈 쇼콜라 약 9g을 다시 한번 짠다.

7 남은 카카오 닙 크리스탈리제를 다시 한번 뿌린다.

8 다크초콜릿을 강판으로 갈아 뿌린 뒤 **3**을 올린다.

9 남은 가나슈 쇼콜라를 한 바퀴 짠 뒤 식용 금박으로 장식한다.

4

7

5

8

6

9

프티 가토
Petits gâteaux Q & A

Q.01 구성 요소가 많은 제품을 만들 때 타임 테이블을 어떻게 짜면 좋을까요?

A. 일반적으로 내부에 넣는 인서트를 먼저 만든 뒤에 바깥을 감싸는 크림이나 반죽을 만듭니다. 먼저 콩피튀르, 크레뫼, 가나슈 등 인서트용 구성 요소를 만들어 냉동고나 냉장고 등에 보관해 둡니다. 그 다음 비스퀴나 제누아즈 등의 반죽을 만들어 구운 뒤 식히고 사용할 사이즈로 잘라 준비한 상태에서 마지막에 무스를 만들면 가장 안정적으로 제품을 만들 수 있습니다. 실제로 제과점에서 모든 구성 요소를 하루에 다 만드는 경우는 흔치 않습니다. 인서트 등의 구성 요소를 미리 만들어 잘 보관한 뒤 무스를 만들어 바로 조립하는 방법을 사용합니다. 예를 들어 월요일에 비스퀴, 인서트 등의 구성 요소를 만들어 냉동고에 보관하고 화요일에는 무스를 만들어 몽타주해 냉동고에서 얼렸다가 수요일에 글라사주 또는 초콜릿 분사 등의 마무리 작업을 해서 판매합니다.

Q.02 초콜릿 표면에 흰색 선이나 점이 생기는 이유는 무엇인가요?

A. 그러한 현상을 블룸(bloom)이라고 합니다. 블룸에는 팻 블룸(fat bloom)과 슈거 블룸(sugar bloom), 워터 블룸(water bloom)이 있습니다. 팻 블룸은 주로 초콜릿 표면에 하얀색 막이 생기며 보관 온도나 작업 온도가 맞지 않을 때 나타납니다. 슈거 블룸과 워터 블룸은 초콜릿 표면에 하얀 반점이 생기는 것으로, 작업 과정이나 보관 과정에서 수분이 섞여 초콜릿 내부에 있는 설탕과 수분이 반응을 일으키면서 반점이 나타납니다. 따라서 작업하거나 보관할 때 온도와 습기에 주의해야 합니다.

Q.03 보통 초콜릿은 템퍼링을 해야 굳는데 글라사주 구르멍은 템퍼링을 하지 않아도 잘 굳는 이유가 무엇인가요?

A. 초콜릿의 주요 성분인 카카오버터는 안정적인 입자와 불안정한 입자가 뒤섞여 있습니다. 그래서 템퍼링 작업을 통해 이 입자들을 안정화시킨 뒤 결정화하는 것인데요. 글라사주 구르멍 같은 경우는 커버추어 초콜릿이 아니라 코코넛 오일이 포함되어 있는 파트 아 글라세(코팅용 초콜릿)를 사용합니다. 코코넛 오일은 낮은 온도(약 20℃)에서도 카카오버터와 비슷하게 굳는 성질을 가지고 있어 이 성질을 사용해 굳게 만듭니다. 잘 굳기는 하지만 템퍼링한 초콜릿보다 녹는 온도가 더 낮아서 초콜릿이나 완성 제품을 다룰 때 조금 더 주의가 필요합니다.

제품 가격 책정하기
Fixer des prix

재료비를 계산하는 가장 큰 이유는 생산하는 제품의 판매가를 설정하기 위함입니다. 가게를 운영하기 위해서는 제품을 팔아 이익을 내야 하니 매우 중요한 일 중 하나입니다. 만약 재료비가 과도하게 들어 생산 원가가 높아진다면 상대적으로 이윤은 적어져 순이익이 줄어들게 됩니다. 결과적으로 재료비(원가)와 이윤을 정확하게 계산하지 않고 제품을 만들다 보면 매장 운영을 지속적으로 하기 위한 자금 확보에 어려움을 겪을 수 있습니다.

하지만 판매가를 책정할 때 재료비만 고려해서도 안 됩니다. 월세, 관리비, 직원 월급, 카드 수수료, 감가상각비, 인터넷이나 전화 요금과 같이 각종 월정액 비용처럼 매달 고정적으로 나가는 고정비 그리고 매달 고정적이지는 않지만 때때로 발생하는 추가 인건비, 포장재, 재료 구매 등의 소모품 비용과 같은 변동비를 함께 포함시켜야 합니다. 아래 예시와 같이 계산해 재료비가 너무 높고 순이익이 낮다면 생산 및 판매에 대해 다시 한번 생각해 보는 것을 추천합니다.

* 보통 고정비를 제품 판매가의 30%로 잡지만 이는 매장의 상황에 따라 달라질 수 있습니다.
  변동비에는 소모품이기도 한 재료비가 포함되어 있습니다. 따라서 재료비를 제외한 변동비를 따로 적었으며 대개 15% 정도로 책정합니다. 하지만 이 또한 매장의 상황에 따라 달라질 수 있습니다.

예시 ❶ 미니 케이크 판매가 1만원 = 고정비 30~35% / 재료비 35~40% / 재료비를 제외한 변동비 15%
▶ **순이익 10~20%**

예시 ❷ 미니 케이크 판매가 1만원 = 고정비 30~35% / 재료비 20~25% / 재료비를 제외한 변동비 15%
▶ **순이익 25~35%**

재료비 계산법
사용하는 재료의 총중량을 g 단위로 변환한 뒤 1g당 가격으로 환산하기 → 엑셀 파일로 사용하는 재료명과 g 단위의 가격을 각 셀에 기입하기 → 수식을 사용해 레시피에 사용하는 재료의 총중량과 가격 합하기

예)

재료명	사용량(g)	1g당 가격(원)	재료 원가(원)
박력분	50	1.5	75
우유	70	2	140
생크림	20	12	240
총합	**140**		**455**

몽슈와
파티스리 클래스

Mon
choix
Patisserie class

저 자 ㅣ 김지훈
발행인 ㅣ 장상원
편집인 ㅣ 이명원

초판 1쇄 ㅣ 2025년 8월 18일
발행처 ㅣ (주)비앤씨월드 출판등록 1994.1.21 제 16-818호
주소 ㅣ 서울특별시 강남구 선릉로 132길 3-6 서원빌딩 3층
전화 ㅣ (02)547-5233
팩스 ㅣ (02)549-5235
홈페이지 ㅣ www.bncworld.co.kr
블로그 ㅣ http://blog.naver.com/bncbookcafe
인스타그램 ㅣ www.instagram.com/bncworld_books
진행 ㅣ 홍서진 사진 ㅣ 이재희 디자인 ㅣ 박갑경
ISBN ㅣ 979-11-86519-98-1 13590